전통
향토
음식

전통 향토 음식

전정원 · 김경미 · 김윤자 · 이진희
이춘자 · 임경려 · 정외숙 · 최영희

(주)교 문 사

머리말

'한국의 맛 연구회'는 반가음식, 세시음식, 통과의례음식, 향토음식, 발효식품 등 우리나라 전통음식을 연구 · 개발하고 전수하기 위하여 음식에 관한 고서 연구와 잊혀져가는 옛 음식의 발굴 · 재현 등 우리나라 음식을 세계인과 함께 즐길 수 있도록 다양한 방법으로 노력하고 있습니다. 그 노력의 한 가지로 우리나라 전통음식과 향토음식에 대해 소개하고자 합니다.

'웰빙'이라고 하여 환경과 삶의 질을 중시하는 요즘, 특히 자연식품과 발효식품을 많이 사용하는 우리나라 음식이 세계적으로 주목을 받고 있습니다. 이는 어느날 갑자기 생겨난 것이 아니라 우리 조상들의 삶을 통해 발전, 계량된 것으로 주어진 자연환경을 슬기롭게 이용한 결과라고 볼 수 있습니다. 생활 속 지혜와 경험을 바탕으로 발달한 전통 · 향토음식은 각 지역의 제철 산물을 이용하였으며, 농사와 관련한 절기에 따라 다양하게 활용되기도 하고, 각 집안의 대소사에 반드시 차리는 상차림을 통해 살펴볼 수 있습니다. 제철 산물이 아닐 경우에는 절임이나 발효, 건조 등의 가공저장법을 이용하는 등 자연에 순응만 하는 것이 아니라 한걸음 더 나아가 새로운 방법을 개발하여 다양한 조리법을 탄생시키기도 하였습니다.

이렇듯 조상들로부터 전해진 과학적이며 고유한 우리 전통 · 향토음식에 대한 이해 없이 '한식의 세계화'를 이루겠다는 것은 쉽지 않은 일입니다. 그래서 이 책에서는 먼저 전통 · 향토음식에 대한 이해를 돕기 위해 전통 식생활문화의 발자취를 더듬어 보고 전통 · 향토음식의 특징을 소개하였습니다. 이어서 각 지역별 향토음식과 계절에 따른 세시음식, 사람이라면 누구나 겪는 의례에 따른 통과의례음식에 대해 살펴보고, 채소 · 곡류 · 육류 등의 특징적인 재료에 따라 전통 · 향토음식을 설명하였습니다. 이와 같이 전통 · 향토음식에 대한 기본적인 지식을 바탕으로 실제 편에서 각 지역별로 전해내려오는 전통 · 향토음식에 대한 구체적인 종류와 재료, 만드는 방법 등을 표준화하여 사진과 함께 자세하게 소개하였습니다.

선조들의 지혜와 얼이 담긴 우리 전통 · 향토음식을 한정된 지면으로 소개한다는 것이 다소 무모할 수도 있지만, 이를 바탕 삼아 우리나라 음식에 많은 관심을 가진 일반인부터 요리를 공부하는 학생에 이르기까지 많은 이들이 우리의 전통에 자부심을 갖고 다양하게 활용하여 '한식의 세계화'에 적은 힘이나마 보탬이 되기를 바랍니다.

이 책의 출간을 허락해 주신 (주)교문사 류제동 사장님께 깊이 감사드리고, 편집부 · 영업부 직원 여러분의 많은 노고에도 감사의 마음을 전합니다.

2010년 3월

저자 일동

제1부 전통 · 향토음식의 이해

제2부 전통 · 향토음식의 실제

제1부

전통 · 향토음식의 이해

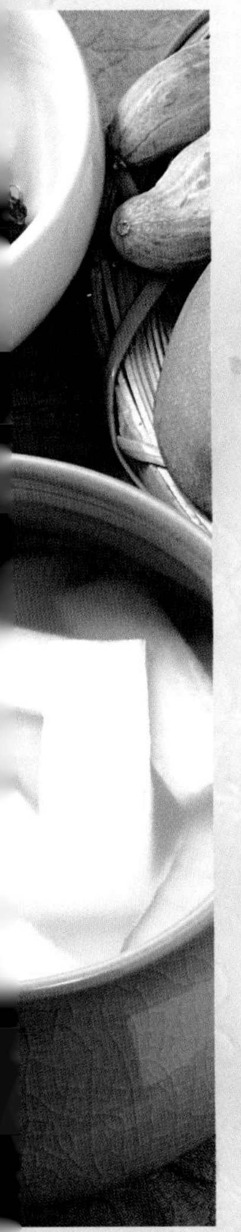

1장

전통 · 향토음식의 특징

1. 전통 식생활문화의 발자취
2. 전통 · 향토음식의 특징
3. 전통 상차림과 식사도구의 사용

각 민족의 식생활과 관련된 역사를 살펴보면 식품의 선택이나 수용, 정착과정에서 시대의 발전에 따라 좋은 것은 이어지고 비합리적인 것은 사라졌다. 또한 외부로부터 유입된 외래음식 중에서도 그 민족의 생활환경에 맞는 것은 자연스럽게 이입, 동화되고 부적당한 것은 퇴화하면서 유지와 변화를 거듭해 왔다. 이런 의미에서 각 민족의 전통음식은 소중한 문화유산이다.

우리나라의 전통음식은 한민족의 지리적 · 역사적 환경에 가장 적합하도록 창안하여 발전시켜 온, 한국인의 기호에 맞고 합리적인 민족음식이다. 지혜로운 선인들이 남겨 준 보석 같은 문화유산인 우리 음식을 어떻게 보존, 발전시킬 것인가 하는 것은 앞으로 우리의 과제이다.

일반적으로 음식문화를 형성하는 요인은 지형, 기후, 토양 등의 자연환경과 자연 산물인 식품을 먹을 수 있도록 가공하는 사람의 기술, 종교, 의례, 풍속 등과 같은 사회규범으로 나눌 수 있다. 특히 사회 · 문화 요인 중 종교는 금기음식이나 먹는 격식 등을 규정하여 지키도록 요구하며, 기타 여러 요인들도 서로 밀접하게 연관되어 있으므로 한민족의 전통적인 식생활에는 우리나라의 역사와 사회 · 문화 · 자연환경 조건이 작용하고 있음을 알 수 있다.

우리나라 전통 식생활의 전반적인 특징은 일상식과 의례음식의 구분, 절식과 시식의 풍습, 아침 및 저녁식사를 중히 여기는 점을 들 수 있고, 지방에 따라 향토음식이 발달하였다는 점이다. 또한 주식과 부식이 분리되어 발달한 것과 양념과 고명의 이용이 합리적이고 식품과 식품의 상호 보완적인 배합이 뛰어난 것이다. 식사 형태와 상차림에 따른 특징은 상차림과 식사예법에 인본주의 개념 및 대가족 공동체의 영향이 스며들어 있으며 공간 전개형 상차림과 독상 중심의 식사 형태로 구성된 것이다.

1. 전통 식생활문화의 발자취

우리나라에서는 신석기 중기 무렵 잡곡 농사를 시작으로 농경이 이루어졌고, 이후 벼농사가 도입되었다. 벼농사의 적지가 많았던 백제를 중심으로 벼농사가 이미 활성화되어 쌀을 주식으로 삼았고, 삼국시대에 발효식품이 발달하면서 밥과 찬물 차림의 일상식사 형식이 이루어졌다. 신라 · 고려시대를 거쳐 불교가 숭앙되었고 살생 금지 조치로 육식의 식생활 범위가 좁아진 반면, 다양한 곡류 및 채소문화가 생겨났다. 이때 권농정책으로 쌀 생산이 늘어 떡 가공 기술이 발달했으며, 침채류와 쌈을 더욱 즐기게 되었다. 불교의 전래에 다른 차 문화와 차와 어울리는 전통과자 문화가 활발해지고, 우리 고유의 다구들과 다식판들이 발달하였다. 이 시기에 밥과 국을 기본으로 하고 장류 · 젓갈류 · 침채류 등 발효음식이 상비식품으로 구성되었으며, 절임식품과 침채류는 김치의 발달로 이어지게 되는데, 임진왜란을 전후하여 고추가 전래되어 현재의 김치가 완성되었다. 결국 조선시대에 이르러 전통 식생활문화의 규범이 완성되었다.

주변 강대국에 의한 외침이 잦았던 한국은 조선시대에 이르러 을미사변, 한일합방과 일제강점기, 개화기를 통해 서양 문물이 거세게 들어와 식문화뿐 아니라 많은 문화에 다양한 구조를 형성하기에 이르렀다.

1) 삼국시대 이전

신석기 중기 이전의 시대에는 주로 강가나 바닷가에 주거를 차리고 수렵과 어로, 채집에 의해서만 식량을 획득하면서 생활을 하였다. 이 시기는 세계 곳곳이 비슷한 원시 식생활 영위했고, 식품은 단지 생명현상을 지속할 수 있는 수단으로서의 중요성이 부각되고, 생식(生食), 구이 등 조리는 단순화된 시기였다.

피, 조, 수수 등 소립곡(小粒穀)의 잡곡 재배로 농업을 시작하여 벼농사가 실시되는 신석기 중기로부터 청동기시대까지 석기로 된 농구의 사용은 점차 기능적으로 진보하게 되었고, 농지를 개간해 넓히면서 재배작물이 벼를 위시해서 잡곡과 콩류에 이르는 오곡으로 확대되었다.

이후 식품을 계획, 생산하게 되면서 인간의 사회는 한 곳에 정착하기에 이르렀고, 주거문화 태동 및 공동체 생활, 가축화가 진행되는 시기를 거치면서 농사와 함께 수렵, 어로, 채집을 병행하면서 점차 농사에 더 치중하게 된다. 그러나 농경이 전체 생계에서 차지하는 비중이 크다고는 할 수 없고 견과류 채집과 사냥, 물고기잡이 등이 전보다 비중은 줄었지만 여전히 식량 공급의 큰 몫을 차지하였다. 농기구로는 돌괭이 · 돌보습 · 돌낫 · 돌삽 등의 석기가, 토기는 빗살무늬토기 · 민무늬 · 발형(鉢型) 토기 등이 조리 및 식사 겸용 용기나 저장용으로 사용했으리라고 추정할 수 있는데, 출토된 이들 토기는 비교적 대형이 많아 공동체 취사의 흔적도 보여 준다.

철기시대부터 원삼국시대는 농업을 위시한 여러 면의 생활문화가 상당한 경지에 이르는 시기이며, 철기문화가 전개되면서 농구가 철제 농구로 바뀌고, 수리시설인 저수지 개발 등으로 농업 기술이 현저하게 발전하였다. 이런 환경에서 벼가 주 작물로 정착하게 된다.

『삼국지』「위지」 동이전에 '고구려인은 장양(藏醸 : 발효음식)을 잘한다'는 기록으로 보아 이미 콩 발효식품, 어패류절임(젓갈), 술, 채소절임인 짠지(장아찌)형 김치 등의 발달을 짐작할 수 있다.

또 양념 배합이 뛰어난 조리기술의 집합체인 육류조리는 맥적(貊炙)이라는 고유음식을 태동시켰다. 고구려 일부를 제외한 전 지역은 농경문화권이므로 자연히 고기가 귀할 수밖에 없었고, 이러한 고구려의 수렵, 목축환경은 양념고기구이인 맥적이라는 명물음식이 탄생하여 당시 중국에도 알려지는 등 우리 고유의 양념고기문화를 낳게 되었다.

기풍제와 추수감사제인 고구려의 동맹(東盟), 부여의 영고(迎鼓), 예의 무천(舞天) 등의 제천의식에 이미 술과 음식을 즐기는 풍속이 있었다.

2) 삼국시대

삼국 · 통일신라시대의 식생활문화는 일상식의 기본적인 구조가 정립되는 단계이다. 고구려, 백제, 신라 3국은 각각 벼농사에 필요한 관개시설 등 벼농사를 중심으로 중농정책을 실시하여 양곡이 증산됨으로써 쌀의 주식화가 확대되었다. 한편, 조리용구가 발달하여 미숫가루, 죽, 떡, 밥, 술, 장류, 채소절임, 포, 자반과 같은 상용 기본식품의 조리 · 가공법이 성립되어 밥과 반찬으로 구성된 밥상차림이 상용 식사의 기본 양식으로 정착되었다.

고구려, 백제, 신라에 전파된 불교는 식문화에 많은 영향을 끼쳤다. 생명이 있는 모든 것에 대해 살생을 하지 않는 것을 최고의 덕으로 삼는 불교의 정신은 육식 섭취를 절제하고 사찰음식이 발달하는 식문화로 전환하는 계기가 되었다. 사찰음식은 매우 다양한 곡물과 채소를 음식의 소재로 이용하고, 콩제품 및 생채나 쌈, 또 나물(熟菜) 조리법을 발달시켰다. 삼국이 통일됨으로써 각각 그 지역의 풍토에 맞게 개발하고 발전시켜 온 음식이 상호 교류되었으며, 통일신라는 귀족층을 중심으로 음식문화가 확대, 발달하였다.

3) 고려시대

우리나라 식생활 문화에서 일상식의 구조 위에 다과상, 잔칫상, 제례상 차림과 같은 규범을 위시해서 양조업, 제면업, 공설 주막의 개설, 객관의 접객 양식 등 외식산업이 개발되는 등 우리나라 식생활 문화의 전반적인 구조가 성립되는 시기이다.

곡물 증산에 따른 식문화 향상 및 나물 · 쌈 · 떡 · 과자 등의 식문화가 발달하였으며, 후추 · 설탕 · 소주 등 외래식품이 유입되었다.

산수가 청명(淸明)하여 좋은 풍토에서 자란 채소류는 그 맛이 매우 좋고 향기로워 쌈과 나물, 침채류(沈菜類) 등의 채소음식의 발달을 가져왔다. 또한 객관의 형성으로 인한 외식은 양조업과 제면업, 소금의 전매업 등의 식품제조업도 성장하였다. 일상식은 전(前) 시대의 것을 계승하면서 김치, 장, 젓갈, 술 등의 발효음식을 비롯한 찬물(饌物)이 더욱 다양하게 나타났으며, 특히 장류와 침채류는 보다 견고한 옹기 및 청자 등의 도자기 문화의 발달에 힘입어 더욱 다양하게 발달하게 되었다. 침채류는 이전의 채소단순절임의 장아찌 형태에서 짠맛을 중화시키는 퇴염(退鹽)형과 나박지, 동치미 등 절임의 다양화로 인해 침채류에 양념 사용도 시도되었다.

국가 행사에 차를 중심으로 한 진다례(進茶禮)를 행하였으며, 사원에서의 차(茶) 공양 등 음다(飮茶)의 풍습이 성행하였고, 다과상 차림을 위한 떡과 과자류의 발달, 연회음식이나 제례(祭禮) 등의 의례(儀禮)음식의 규범이 정립되었다.

한편, 증류주(소주)의 도입과 양조업의 성행으로 술이 다양해지는 등 기호식품과 의례음식 및 상역이 확대됨으로써 식생활문화의 전반적인 구조 성립을 가능하게 했다.

후기에는 원(元)나라의 농업이 소개되는 등 농업기술의 연구가 이루어졌고, 불교의 금육환경에서 잊혀진 고기문화(곰탕 등)가 새로이 유입되어 발달하였다. 향신료인 호초(胡椒)와 사탕 수입도 이때 이루어졌다.

또한 중국에 의존하던 의서에서 탈피하여 향약(鄕藥)에 대한 관심이 고조되고 우리 실정에 맞는 의서가 독자적으로 편찬되기 시작하였다.

4) 조선시대

조선시대는 우리나라 음식문화가 과학적으로 합리성을 갖추도록 재정비되고, 음식법이나 상차림의 양식을 고유한 모습으로 완성하는 시기였다.

초기부터 천문학의 연구, 금속활자본의 간행, 동의학의 연구와 같은 과학진흥의 환경에서 식생활을 과학적인 관점으로서 약식동원(藥食同源)의 실체가 되도록 재정비한다. 상용식사의 영양상 균형성과 술, 장, 젓갈, 김치 등 상비식품의 가공기술 합리성을 재정비하고 양생(養生)음식을 더욱 발전시켰다. 가부장권 대가족 생활, 유교이념에 따른 가례준칙과 가례음식의 규범이 엄정하고 가양주(家釀酒), 전통과자류를 위시한 술 안주 및 기타 음식법의 솜씨가 뛰어났으며, 이 과정에서 한국 식생활문화의 청명한 격조와 고유한 전통이 재정비될 수 있었다.

조선시대의 대표적인 전래식품으로는 남과(南瓜)라고 불리었던 호박, 남만초(南蠻椒) 또는 번초(蕃椒)라고 했던 고추(苦草), 옥촉서(玉蜀黍) 또는 고량(高粱)이라 했던 옥수수, 감저(甘藷)였던 고구마, 마령서(馬鈴薯)라고 불렀던 감자, 동과(冬瓜: 동아), 낙화생(落花生: 땅콩), 서과(西瓜)라고 했던 수박, 사과(沙果) 등이 있다. 특히 고추의 보급은 우리의 식생활 양상에 큰 변화를 가져다주었다. 김치를 비롯한 많은 음식 조리 시에 고추를 이용함으로써 종전의 간장과 소금으로만 조미하던 담백한 맛의 조리에서 매운맛과 붉은색이 한데 어우러진 조화미(調和美)로서의 특징을 지니는 식생활이 발전하게 되는 계기가 되었으며, 고추가 김치 양념에 배합됨으로써 김치에 젓갈과 갈치 · 조기 · 명태 등의 생선과 다양한 양념이 포함되는 오늘날의 김치문화가 태동하게 되었다.

유교의 영향으로 조선시대의 대가족제도는 엄격한 식생활 규범도 정립하게 하였다. 상차림은 밥을 주식으로 하고 여러 가지 찬을 배선하는 반상(飯床)이 일상식으로 정착되었고 아침을 중시하였다. 또 통과의례(通過儀禮)가 가정행사로서 정착이 되었다. 특히 조상의 봉제사(奉祭祀)를 중요시하였고 혼례, 회갑 등의 큰상(일명 高排床)은 10~60cm 높이로 고임을 하여 화려하고 성대하게 차렸는데 큰상은 복을 같이 나눈다는 의미로 음식을 반드시 나누어 먹었다. 또 명절과 계절의 변화에 따라 제철음식을 마련하여 즐기는 세시음식(歲時飮食)의 발달, 각 고장의 특색을 살린 향토음식 등이 정착되었다.

고려 말부터 싹트기 시작한 향약의 발달과 의서(醫書)의 계몽은 약식동의(藥食同意)의 관점에서 식생활에 적용되어 식품과 약재를 혼용하여 조리함으로 양생음식이 발달하게 된 계기가 되었다.

또한 식품의 가공저장법도 크게 발달하였다. 장류, 젓갈류, 김치류, 술 빚는 법, 초 빚는 법, 과일 수장법은 물론 두부와 콩나물가공법도 일반화되었다. 이처럼 다양한 식생활문화를 이룬 조선시대는 한국음식의 완성기라고 볼 수 있다.

2. 전통 · 향토음식의 특징

1) 지리적 특징

우리나라는 사계절이 확연하게 구분되어 계절마다 생산되는 작물이 다르므로 곡류, 육류, 어류, 채소류가 매우 다양하게 생산되고, 이를 이용한 계절에 따른 음식의 조리방법 또한 변화 있게 발달하였다.

한반도의 기후적 특성상 여름은 고온 다습하여 벼농사가 가능하여 쌀밥을 주식으로 삼는 근간이 되었고, 전 국토의 70% 이상이 산으로 되어 있는 지리적 여건에 의해 다양한 잡곡이 생산되어 잡곡 또는 혼식 조리법이 개발되었다. 주식과 함께 부식은 밭에서 갖가지 채소류를 재배하여 이용하였다. 또한 삼면이 바다로 둘러싸여 있으며 해안선이 남북으로 길고 굴곡이 심하여 수산물이 풍부하고, 조개류를 비롯한 갖가지 해산물을 채취, 조리하여 부식으로 활용하였다. 특히 각 계절에 많이 생산되는 음식을 중심으로 자반, 김장, 젓갈, 장아찌, 육포, 어포 등 저장식품이 발달하였다.

이처럼 우리나라 음식은 계절과 지역에 따른 특성을 잘 살려 조화된 맛을 중요시 여겨 왔으며 향토적인 색채가 두드러진 특성을 지니고 있다.

2) 조리 형태 및 식재료의 특징

우리나라 음식은 몸을 보하고 병을 예방하거나 회복을 도우므로 의식동원(醫食同源)의 기본 정신이 배여 있으며 이를 바탕으로 하여 식생활의 충실을 중요시하였다. 음식의 종류와 조리법이 다양하였으며 조화된 맛을 중히 여겨 향신료와 조미료의 이용이 많았다.

주식과 부식이 확연히 분리되어 발달하였고 곡물을 중히 여겨 곡물 조리법이 다양하게 개발되었다. 주식은 곡류로 지은 밥이고, 채소, 해조, 어패, 수조육, 콩류로 만든 다양한 반찬이 부식이다. 곡류의 생산량이 많아 국수, 만두, 죽, 떡, 술, 장류, 두부, 엿 등 다양한 가공조리법이 발달하였다. 수조육류와 채소류를 이용한 조리법도 발달하였고, 장류, 김치류, 젓갈류, 주류 등의 발효식품의 개발과 기타 식품 저장 · 가공 기술도 오래전부터 발달하였다.

우리나라 음식은 생강, 계피, 쑥, 당귀, 오미자, 구기자, 박하, 더덕, 도라지, 율무, 모과, 석류, 유자, 인삼 등 약이성 음식 재료들이 균형 있게 배합되어 발전해 온 자연식 또는 건강식이다.

3) 문화적 특징

유교의례를 중히 여기는 상차림과 식사예법이 발달하였고, 통과의례식을 중시하였다. 조반과 석반을 중히 여겼으며 일상식은 독상 중심이었으나 공동체 중심의 풍속이 발달하였다. 풍류성과 주체성이 뛰어났으며, 명절식과 절기마다 계절에 따른 산물이 달라 색다른 시식을 즐기는 풍습도 있었다.

궁중음식, 반가음식, 사찰음식을 비롯하여 각 지역에 따른 향토음식의 조리법이 다양하게 발달하였다.

3. 전통 상차림과 식사도구의 사용

전통 상차림은 뜨거운 음식, 물기가 많은 음식은 상(床) 오른편에 놓고, 찬 음식 · 마른 음식은 왼편에 놓으며, 밥그릇은 왼편에, 탕 그릇은 오른편에, 장류 종지는 한가운데 놓는 것으로 구성되어 있다. 수저는 오른편에 놓으며, 젓가락은 숟가락 뒤쪽에 붙여 상의 밖으로 약간 걸쳐 놓고, 상의 뒷줄 중앙에는 김치류, 오른편에는 찌개(조치), 종지는 앞줄 중앙에 놓으며, 육류는 오른편, 채소는 왼편에 놓는다.

식사 시 도구 사용법은 숟가락과 젓가락을 한꺼번에 들고 사용하지 않는다. 숟가락을 빨면 안 되며 숟가락, 젓가락을 한 손에 동시에 쥐어서도 안된다. 또 젓가락을 사용할 때에는 숟가락을 상 위에 놓아야 한다. 식사 중 숟가락과 젓가락은 반찬그릇 위에 걸쳐 놓지 않으며 밥과 국물이 있는 김치, 찌개, 국은 숟가락으로 먹고, 다른 찬은 젓가락으로 먹는다.

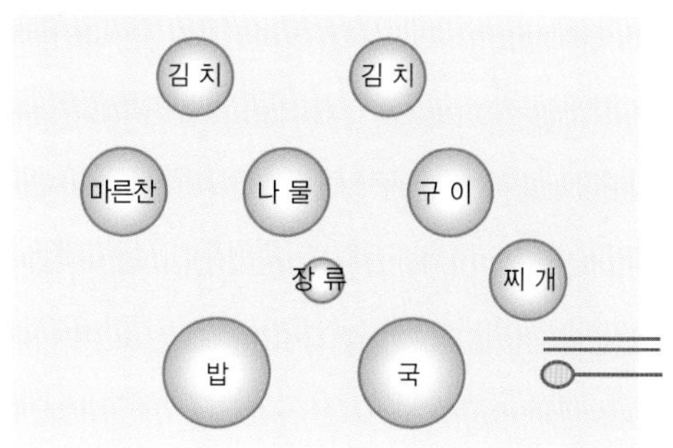

일상 상(床)차림의 예

2장

지역별 · 계절별 음식 문화

1. 향토음식
2. 세시음식
3. 통과의례음식

수삼나박지

순무김치

개성약과

우메기

강원도지방

강원도는 영서지방과 영동지방에서 나는 산물과 산악지방과 해안지방에서 나는 산물이 다르다. 산악이나 고원지대에서는 논농사보다는 밭농사가 더 발달하여 감자나 옥수수, 메밀 등의 잡곡이 많이 난다. 산에서 나는 도토리, 상수리, 칡뿌리, 산채들은 옛날에는 구황식물에 속했지만 지금은 일반음식으로 많이 먹는다. 해안지대에서는 생태, 오징어, 미역 등의 해산물이 많이 나서 이를 가공한 황태, 건오징어, 건미역, 명란젓, 창란젓을 잘 만들어 먹는다.

산악지대는 육류를 쓰지 않는 담백한 음식이 많으나, 해안지대는 멸치나 조개를 넣어 음식 맛을 낸다. 이곳 음식은 극히 소박하며 먹음직스럽다. 많이 생산되는 산물인 감자, 옥수수, 메밀을 이용한 음식이 다른 지방보다 발달하였다.

곤드레밥

창란깍두기

주 류

감자술, 송설주, 옥선주, 횡성이의인주, 원주엿술

전통떡·과자류

떡류 감자시루떡, 감자녹말송편, 감자경단, 옥수수설기, 옥수수보리개떡, 메밀전병(총떡), 감자떡, 댑싸리떡, 메싹떡, 무송편, 방울증편, 팥소흑임자, 각색차, 조인절미 등

과자류 과즐, 약과, 송화다식, 황골엿(옥수수엿) 등

음청류

앵두화채, 강냉이차, 연엽식혜(연엽주), 책면, 당귀차 등

주식류

강냉이밥, 감자밥, 차수수밥, 토장아욱죽, 어죽, 방풍죽, 메밀막국수, 팥국수, 감자수제비, 강냉이범벅, 감자범벅 등

찬 류

삼시기국, 쏘가리매운탕, 대게찜, 오징어순대, 오징어불고기, 오징어회, 올챙이묵, 도토리묵, 메밀묵, 지누아리무침, 파래무침, 더덕생채, 취쌈, 쇠미역쌈, 명란젓, 창란젓, 송이복음, 동태구이, 감자부침개, 강어회(향어회,가물치회), 박나물, 석이나물, 취나물, 채김치, 돌김, 들깨송이부각, 메추리튀김, 동태순대, 북어식혜 등

강원도지방의 향토음식

충청도지방

충청도는 서해안에 면한 충청남도와 소백산맥 자락의 충청북도로 이루어져 있으며, 지리적 여건이 다양한 지역이다. 남도는 복잡한 해안선으로 인해 넓은 개펄이 있어 조개를

비롯한 다양한 해산물이 나며, 내륙으로 조금만 들어오면 비옥한 농지가 넉넉하여 쌀·보리농사가 잘되고, 구릉지가 많아 밭작물도 풍성한 곳이다. 북도는 내륙 산간지대로 다양한 산채와 버섯이 난다. 충청도민의 소박한 인심을 닮아 음식 맛이 순하고 꾸밈없이 넉넉하며 담백하고 구수하다.

주식류로 내륙의 곡식 생산이 많기 때문에 죽·국수·수제비·범벅 같은 음식들을 즐겨 만들어 먹었다. 찬류로는 민물과 바닷물이 만나는 환경 덕으로 강원도의 특산물이 된 굴을 이용한 어리굴젓·굴국 등이 유명하고, 광천토굴에서 숙성된 새우젓, 안면도의 대하 및 서해안에서 나는 꽃게·실치·주꾸미·낙지·바지락 등을 이용한 음식들이 특징적이다.

충청도의 떡은 화려하지도 않고 단순하며 무, 쑥과 같은 채소를 섞은 것이 특이하다.

찬 류

다슬깃국, 국냉국, 넙치아욱국, 봄아욱국, 굴김치국, 청포묵국, 시래깃국, 콩국, 콩나물찌개, 호박지찌개, 담북장, 상어찜, 고추젓, 홍어어시육, 말린묵볶음, 호박고지적, 웅어회, 오이지, 콩나물짠지, 파짠지, 열무짠지, 가지김치, 시금치김치, 애호박나물, 참죽나물, 오가리나물, 새우젓깍뚜기, 청포묵, 박김치, 장떡, 실치포구이, 어리굴젓, 소라젓 등

주식류

콩나물밥, 보리밥, 찰밥, 녹두죽, 호박풀대죽, 보리죽, 날떡국, 굴밥, 바지락칼국수, 밀낙지칼국수, 호박범벅, 나박김치, 냉면 등

전통떡·과자류

떡류 꽃산병, 쇠머리떡, 약편, 곤떡, 해장떡, 햇보리떡, 칡개떡, 볍시쑥버무리, 막편, 수수팥떡, 도토리떡, 쑥떡, 무떡 등

과자류 무릇곰, 모과구이, 무엿, 수삼정과 등

음청류

찹쌀미수, 천도복숭아화채, 호박꿀단지 등

주 류

금산인삼주, 아산영업주, 면천두견주, 한산소곡주, 계룡백일주, 보은송로주, 청원신선주 등

충청도지방의 향토음식

호박범벅

곤 떡

전라도지방

전라도지방은 기름진 호남평야의 풍부한 곡식과 각종 해산물, 산채 등 다른 지방에 비해 산물이 많아 음식의 종류가 다양하며, 음식에 대한 정성이 유별나고 사치스러운 편이다. 특히 전주는 조선왕조 전주 이씨의 본관이 되고 광주, 해남 등 각 고을마다 부유한 토박이들이 대를 이어 살았으므로 좋은 음식을 가정에서 대대로 전수하여 풍류의 맛이 개성과 맞먹는 고장이라 하겠다.

전라도지방의 상차림은 음식의 가짓수가 전국에서 단연 제일로 상 위에 가득 차리므로 처음 방문한 외지 사람들은 매우 놀라게 된다. 남해와 서해에 접하여 있어 특이한 해산물과 젓갈이 많으며, 기르는 방법이 독특한 콩나물과 고추장의 맛이 뛰어나며, 이로써 전주비빔밥이라는 명물음식이 생겨나게 되었다.

낙지호롱

고들빼기김치

가지즙장

전통떡·과자류

떡류 감시리떡, 감고시떡, 나복병, 호박메시리떡, 호박고지시루떡, 고치떡, 복령떡, 송피떡, 감인절미, 감단자, 차조기떡, 전주경단, 해남경단, 수리취떡, 우찌지, 섭전 등

과자류 산자(유과), 동아정과, 연근정과, 생강정과, 고구마엿 등

음청류

유자화채, 곶감수정과, 송화밀수 등

찬 류

두루치기, 붕어조림, 머우깻국, 천어탕, 추어탕, 죽순찜, 죽순채, 홍어어시육, 멸치자반, 생치섭산적, 송이산적, 산돼지고기구이, 광주애젓, 용봉탕, 토란탕, 홍어회, 산낙지회, 낙지호롱, 꽃게장, 장어구이, 육포, 어포, 대구아기미젓, 꼬막무침, 고들빼기김치, 검들김치, 가지좁장, 굴비노적, 꼴두기젓, 가죽부각, 갓쌈지, 황포묵, 그 외에 젓갈류 등

주식류

전주비빔밥, 콩나물국밥, 냉국수, 오누이죽, 피문어죽, 대합죽, 합자죽, 대추죽, 깨죽, 고동칼국수 등

주 류

복분자주, 완주모주, 해남진양주, 구기자주, 전주이강주, 김제송순주, 진도홍주, 송화백일주, 송죽오곡주, 미루주 등

전라도지방의 향토음식

경상도지방

경상도는 남해와 동해에 좋은 어장을 가지고 있어 해산물이 풍부하고, 남 · 북도를 크게 굽어 흐르는 낙동강 주위의 기름진 농토에서 농산물도 넉넉하게 생산된다. 이곳에서는 고기라고 하면 물고기를 가리킬 만큼 생선을 많이 먹고, 해산물회를 제일로 친다.

음식은 멋을 내거나 사치스럽지 않고 소담하게 만든다. 싱싱한 바닷고기에 소금 간을 하여 굽는 것을 즐기고 바닷고기로 국을 끓이기도 한다. 곡물음식 중에는 국수를 즐기며, 밀가루에 날콩가루를 넣어 만드는 국수를 제일로 친다. 장국의 국물은 멸치나 조개를 많이 쓰고, 더운 여름에 제물국수를 즐기며 겨울에는 김칫국밥(갱식)을 자주 해먹었다. 음식의 맛은 대체로 간이 세고 매운 편으로 전라도음식보다 더 맵다.

재첩국

칼국수

안동식혜

음청류
수정과, 감주, 안동식혜
잡곡미숫가루, 유자차,
얼음수박, 찹쌀식혜,
유자화채 등

전통떡·과자류
떡류 모시잎송편, 밀비지,
만경떡, 쑥굴레, 칡떡, 잡과편,
잣구리, 부편 등
과자류 유과, 대추징조,
내이엿, 우엉정과, 다시마정과,
준주강반, 각색정과

찬 류
재첩국, 삼계탕, 고동국, 추어탕,
대구탕, 미역국, 북어미역국, 톳나물,
들깨참깨미역국, 동태고명지짐, 호박선,
우렁찜, 미더덕찜, 미더덕찜별법, 상어돔배기구이,
갯장어구이, 장어조림, 대합구이, 김부치개, 홍합,
동래파전, 안동식혜, 해파리회, 해물잡채, 장어회,
약대구포, 생멸치회, 미나리찜, 골곰짠지,
약대구포, 우엉김치, 전복김치, 콩잎김치,
우엉잎자반, 콩잎장아찌, 아구찜,
속세김치, 창각무침, 메밀묵,
꼴뚜기튀김 등

주 류
안동소주, 경주교동법주,
함양국화주, 님해유자주,
부산산성막걸리, 문경호산춘,
송엽주, 김천과하주, 향온주,
소백산오정주,
봉화선주 등

주식류
진주비빔밥, 안동건진국수,
통영비빔밥, 갱식, 애호박죽,
떡국, 밀국수냉면, 닭칼국수,
무밥, 콩가루칼국수,
조개국수 등

경상도지방의 향토음식

제주도지방

제주도는 우리나라에서 제일 큰 섬으로서 어촌, 농촌, 산촌의 독특한 생활방식이 한데 어울려 음식문화에 깃들어 있다. 농촌에서는 밭농사를 중심으로 생활하였고, 어촌에서

갈칫국

전복김치

옥돔미역국

는 해안에서 고기를 잡거나 잠수어업을 주로 하고, 산촌에서는 산을 개간하여 농사를 짓거나 한라산에서 버섯, 산나물을 채취하여 생활하였다. 농산물은 쌀은 거의 생산하지 못하고 콩, 보리, 조, 메밀, 밭벼 같은 잡곡을 생산하고 있다.

고구마는 조선 영조 때에 조엄(趙曮)이 대마도에서 가지고 와 제주도에서 시험 재배를 한 뒤로 중요한 산물이 되었다. 제주도는 무엇보다도 감귤이 유명한데 이미 삼국시대부터 재배하였고, 전복과 함께 임금께 올렸던 진상품으로 특산물이다.

주 류

고소리술(오메기술), 선인장술 등

음청류

술감주, 밀감화채, 자굴차, 소엽차 등

찬 류

고사리국, 콜냉국, 돼지고기육개장, 복쟁이지짐, 성어지짐, 오분쟁이찜, 자리지짐, 옥돔구이, 볼락구이, 콩잎쌈, 상어산적, 고사리전, 초기전(표고전), 평적, 양애무침, 자리회, 물망회, 톳나물, 해물김치, 전복소라회, 돼지새끼회, 메밀묵지짐, 날미역쌈, 날다시마쌈, 전복김치, 동지김치, 수애(순대), 칼치국, 옥돔미역국 등

전통떡·과자류

떡류 오메기떡, 빙떡, 상애떡, 반찰곤떡, 달떡, 도돔떡, 차좁쌀떡, 좁쌀시루떡, 돌래떡, 속떡(쑥떡), 빼대기(감제떡) 등

과자류 약과, 꿩엿, 돼지고기엿, 하늘애기엿, 호박엿, 닭엿, 보리엿 등

주식류

전복죽, 메밀저배기, 메밀만두, 닭죽, 매역새죽, 깅이죽, 곤떡죽, 생선국수, 초기죽, 옥돔죽 등

제주도지방의 향토음식

제주도음식은 바닷고기, 채소, 해초가 주된 재료이며, 된장으로 맛을 내고, 바닷고기로 국을 끓이고 죽을 쑨다. 편육은 주로 돼지고기와 닭을 이용한다.

제주도 사람의 부지런하고 꾸밈없는 소박한 성품은 음식에도 그대로 나타나서 음식을 많이 차리거나 양념을 많이 넣거나 또는 여러 가지 재료를 섞어서 만드는 음식은 별로 없다. 각각의 재료가 가지고 있는 자연의 맛을 그대로 살리는 것이 특징이다. 간은 대체로 짠 편인데 더운 지방이라 쉽게 상하기 때문인 듯하다. 겨울에도 기후가 따뜻하여 배추가 밭에 남아 있을 정도여서 김장을 따로 담글 필요가 거의 없고 담가도 종류가 적으며 짧은 기간 동안 먹을 것만 조금씩 담근다.

황해도지방

황해도는 현재 황해남 · 북도로 나누어져 있으며, 북부지방의 곡창지대로 연백평야와 재령평야에서 쌀과 질 좋은 잡곡의 생산이 많다. 남부지방인 경상도의 사람들이 보리밥을 즐기듯이 이 지방에서는 조밥을 많이 먹는다. 곡식의 질이 좋고 생활이 윤택하여 음식의 양이 풍부하고 요리에 기교를 부리지 않아 구수하면서도 소박하다. 송편이나 만두도 큼직하게 빚고 밀국수를 즐겨 먹는다. 밀국수나 만두에는 닭고기를 많이 쓴다. 간은 짜지도 싱겁지도 않은 것이 충청도음식과 비슷하다.

김치에는 독특한 맛을 내는 고수와 분디라는 향신채소를 쓴다. 미나리과에 속하는 고수

황해도지방의 향토음식

녹두지짐

늙은호박김치찌개

는 강한 향이 나는 풀로 중국에서는 향초라고 한다. 서울이나 다른 지방 사람에게는 잘 알려져 있지 않지만 배추김치에는 고수가 좋고 호박김치에는 분디가 제일이라고 한다. 호박김치는 충청도처럼 늙은호박으로 담가 그대로 먹는 것이 아니라 끓여서 찌개로 먹는다.

평안도지방

평안도는 오늘날의 평양을 중심으로 하여 평안남도와 평안북도, 자강도의 일부를 포괄한다. 평안도의 동쪽은 산이 높고 험하나 서쪽은 서해안과 접하고 있어 해산물이 풍부하고 평야가 넓어 곡식도 풍부하다. 이곳은 옛날부터 중국과 교류가 많은 지역으로 성품이 진취적이고 대륙적이다. 따라서 음식도 먹음직스럽게 큼직하고 푸짐하게 만든다. 음식이 작고 기교가 많이 들어가는 서울음식과 극히 대조적이다.

곡물음식 가운데 메밀로 만든 냉면과 만둣국 같은 가루로 만든 음식이 많다. 겨울이 매우 추운 지방이어서 기름진 육류음식을 즐겨 먹으며, 콩과 녹두로 만드는 음식도 많다. 음식의 간은 대체로 싱겁고 맵지 않은 편이다. 또한 모양에 신경 쓰지 않고 소담스럽게 많이 담는 것을 즐긴다. 평안도 지방에서는 평양음식이 가장 널리 알려져 있는데 그 가운데에서도 특히 평양냉면, 쟁반, 온반이 유명하다.

냉 면

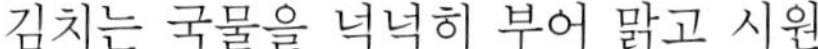

김치는 국물을 넉넉히 부어 맑고 시원

평안도지방의 향토음식

하게 만들며, 동치미를 즐겨 담아 국물에 냉면국수나 찬밥을 말아 밤참으로 먹는 풍습이 있으며, 이것이 그 유명한 평양냉면(물냉면)을 낳게 되었다.

함경도지방

함경도는 한반도의 가장 북쪽에 위치하며, 함경남·북도, 양강도, 자강도, 강원도 일부 지역을 포함한다. 험한 산골이 많고 동해에 면하고 있어 음식 또한 독특하게 발달하였다.

곡식은 밭곡식이 많으며 이남지방의 곡식보다 매우 차지고 맛이 구수하다. 따라서 이 지방에서는 주식으로 기장밥, 조밥 등 잡곡밥을 잘 짓는다. 고구마와 감자도 품질이 좋아서 녹말을 가라앉혀서 반죽하여 국수틀에 눌러 먹는 냉면이 발달하였다.

음식의 간은 세지 않고 맵지도 않으며 담백한 맛을 즐긴다. 그러나 고추와 마늘 등 양념을 강하게 써서 야성적인 맛을 즐기기도 한다. 함경도 회냉면은 홍어, 가자미 등 생선을 맵게 무친 회를 냉면에 얹어 비벼먹는 독특한 음식이다. 다대기라는 것도 이 고장에서 나온 말로 고춧가루에 갖은 양념을 넣어 만든 것을 말한다.

함경도에서 가장 추운 지방은 -40℃까지 내려가기도 하므로 김장은 11월 초순부터 담그는데 젓갈 사용은 그리 많지 않고 소금 간을 주로 한다. 그리고 생태나 가자미, 대구를 썰어 깍두기나 배추김치 포기 사이에 넣고 김치국물을 넉넉히 붓는다. 동치미도 담가 땅

찬 류

세천어국(천렵국), 다시마냉국, 동태매운탕, 영계찜, 가지찜, 미웃구이, 닭섭산적, 두부전, 콩부침, 봄김치, 북어전, 고등어회, 가자미식혜, 대구젓, 도루묵식혜, 명란젓, 콩나물김치, 원산잡채, 채칼김치, 동태순대, 함경도대구깍두기, 깻잎쌈, 쑥갓김차 등

주식류

잡곡밥, 닭비빔밥, 섭죽, 가릿국밥, 얼린콩죽, 찐조밥, 물냉면, 회냉면, 감자국수, 감자막가리만두, 옥수수죽 등

음청류

식혜(단감주) 등

전통떡·과자류

떡류 찰떡인절미, 꼬장떡, 오드랑떡, 괴명떡, 깻잎떡, 달떡, 언감자떡 등

과자류 과즐, 강정, 산자, 약과, 만두과, 들깨엿강정, 콩엿강정 등

함경도지방의 향토음식

에 묻어놓고 살얼음이 생길 때쯤 혀가 시리도록 시원한 맛을 즐긴다. 이 동치미국물로는 냉면을 말기도 한다. 콩이 좋은 지방이라 콩나물을 데쳐서 물김치로 담근다.

회냉면

동치미

백김치

2. 세시음식

우리나라는 예부터 농경 위주의 생활을 해왔는데 이에 따라 기후와 계절이 밀접한 관계를 갖는 세시풍속이 발달하였다. 세시풍속은 1년 4계절에 따라 관습적으로 반복되는 생활양식을 말하며 해마다 되풀이되는 민중생활의 생활사가 되기도 하였다. 이는 오랜 세월을 살면서 이루어지는 것이어서 민중의 신앙, 예술, 놀이, 음식 등과 밀접하게 관련된다. 세시풍속은 태음력으로 진행되어 왔으며 예로부터 농경국이던 우리는 24절기에 따라 농사를 지었고, 이 절기순환은 농경뿐 아니라 어업과 관혼상제를 치르는 데도 쓰였다. 주기적인 연중행사가 곧 세시풍속의 초석을 이루었고 이때 차리는 음식이 절식이 된 것이다.

세시음식은 시식과 절식으로 나뉘는데 시식은 춘하추동 계절에 따라 나는 식품으로 만드는 음식을 말하며, 절식은 다달이 있는 명절에 차려 먹는 음식을 말한다. 이러한 시식과 절식은 사계절 자연의 영향을 받았고 역사의 변천에 따라 자연스럽게 형성되어온 전통적인 식생활 문화의 한 단면으로 우리의 정신적·신체적 건강을 조절하는 데 도움이 되었다.

설날, 떡만둣국

유두절, 보리수단

추석, 오려송편

세시음식

월	절기	내 용	대표음식
1월	정월 초하루	새해 첫날. 새옷 단장하고 차례상과 세배 손님 대접을 위해 세찬을 준비. 조상님께 차례 드림	떡국, 만두, 빈대떡, 강정류, 식혜, 수정과, 세주, 약식, 장김치 등
	입 춘	동지 후 44일. 음력설 전후. 입춘오신반 : 움파 · 산갓 · 당귀싹 · 미나리싹 · 무 등 5가지 시고 매운 생채요리로 새봄의 미각을 돋움	탕평채, 승검초산적, 죽순찜, 달래나물, 냉이나물, 산갓김치 등
	정월 대보름	첫 보름달이 뜨는 날. 생밤, 호두, 잣, 콩 같은 단단한 과일을 깨물면 1년 내내 부스럼이 없다 함	오곡밥, 갖가지 묵은나물, 귀밝이술, 복쌈, 부럼 등
2월	중화절	농사철의 시작을 기념하는 2월 초하루. 지난 가을에 매달았던 이삭으로 송편을 빚어 먹음	노비송편
3월	중삼절	봄철의 시작을 즐기는 3월 3일 삼짇날. 들에 나가 자연 속의 음식을 먹고 화전놀이를 즐김	두견화전, 화채, 화면, 쑥, 경단, 쑥떡 등
	한 식	한식은 동지 후 105일째. 종묘, 능원에 제향을 지내고 성묘. 찬 음식을 먹고 제사를 지냄	술, 과일, 포, 식혜, 떡, 국수, 탕, 적 등
4월	등석절	4월 초파일 석가탄신일. 집집마다 등을 달고 느티떡, 미나리강회, 콩조림 등을 대접	녹두찰떡, 쑥편, 신선로, 도미찜, 화채, 챙면 등
5월	단오절	음력 5월 5일. 궁중 내의원에서는 제호탕을 만들어 진상. 창포물에 머리 감음	수리취절편, 증편, 앵두, 화채, 도행병, 준치국, 붕어찜, 어채 등
6월	유두절	6월 보름에 동향 맑은 개울에 머리를 감고 물놀이 하면 여름에 더위 먹지 않는다고 함	떡수단, 증편, 편수, 보리수단, 상추쌈 등
	삼 복	더위를 이겨 내도록 하는 초복, 중복, 말복의 삼복 더위에 보신을 목적으로 하는 음식	계삼탕, 개장국, 임자수탕(깨국), 민엇국 등
7월	칠 석	음력 7월 7일. 견우와 직녀가 만난다는 날	밀전병, 밀국수, 증편
	백 중	망혼일. 각종 과일류와 오이, 산채나물과 다시마튀각, 각종 부각, 묵 등 사찰음식을 차림	게장, 게찜, 두부, 햇과일, 떡, 멸치젓, 어리굴젓 등
8월	한가위 (추석)	음력 8월 보름. 농가의 커다란 명절. 햇곡식을 추수하여 떡을 빚고 밤 · 대추 · 감 등의 햇과일을 따서 조상께 차례를 지내고 성묘	햅쌀(오려)송편, 술, 과일, 토란탕, 율란, 조란, 밤초, 햇콩밥, 송이산적 등
9월	중구절	9월 9일은 가을이 깊어가는 계절로 자연을 먹으며 즐기는 풍습(제비가 강남 가는 날)	국화전, 국화주, 도루묵찜
10월	시월 상달	한 해 농사를 추수하고 햇곡식으로 제사상을 차려 감사하고 가족의 평안을 기원	겨울 김장, 시루떡
11월	동 지	낮이 가장 짧은 날. 팥죽에 둥글게 빚은 찹쌀새알심을 나이대로 넣어 먹고 대문에 뿌림	동지팥죽
	납 향	동지를 지나고 3번째 미일을 납일이라 하여 한 해 동안 지은 농사 형편을 여러 신에게 고하는 제사	사냥해 온 멧돼지나 산돼지 전약, 제육, 참새, 산토끼구이
12월	섣달 그믐	1년의 마지막을 보내는 날. 해를 넘기지 않는다고 하여 하던 일을 끝내는 풍습이 있음	골동반 등

3. 통과의례음식

사람이 태어나서 죽을 때까지의 삶을 일생이라고 한다. 한 개인이 생의 전 과정을 통해서 반드시 통과해야 하는 출생의례(出生儀禮), 성년례(成年禮), 혼인례(婚姻禮), 상장례(喪葬禮)를 일컬어 통과의례(通過儀禮, The rites of passage)라고 하며, 이 의례들이 가정에서 일정한 격식을 갖추어 가족을 중심으로 행하는 예절이라고 하여 가정의례(家庭儀禮) 또는 평생의례, 인생의례라고도 한다.

통과의례라는 말은 벨기에 태생의 프랑스 인류학자인 아놀드 반 겐넵(Arnold van Gennep)에 의해 처음으로 사용된 용어로서 인간 생활에 있어서 연령, 사회적 지위, 상태, 장소 등의 전이(轉移) 단계에서 시행되는 의례들을 일컫는 것이다. 우리 민족의 관혼상제(冠婚喪祭)가 이에 해당한다고 할 수 있다. 통과의례와 관혼상제는 서로 중복되는 부분이 있다. 우리 민족의 순수 통과의례에는 제례가 없으며, 관혼상제에는 출생의례가 포함되지 않는다. 그러나 민속학에서는 사람의 한 평생을 좀 더 확대하여 사람이 태어나기 전 아이 낳기를 원하는 마음으로 비는 기자습속(祈子習俗)으로부터 사후(死後) 제사를 모시는 의식까지를 인간의 일생으로 부르고 있으며, 특히 제례는 이미 우리나라에서 생활화된 것으로 조상숭배 사상을 엿볼 수 있다.

따라서 여기에서는 우리나라에서 일반적으로 행해지고 있는 의식인 아이를 낳기를 바라는 마음에서 기원하는 출생 전후 의례(祈子儀禮 : 기자의례, 출생(三神床), 三 · 七日 : 세이레 등), 출생 후 백일이 되는 날을 축하하는 날인 백일(百日), 아이가 출생하여 첫 생일인 돌, 아이가 학문을 함에 있어서 책을 한 권씩 뗄 때마다 행하는 의식인 책례(册禮), 아이가 자라서 사회적으로 책임 능력이 인정되는 나이에 행하는 성년례(成年禮), 남자와 여자가 짝을 이루어 부부가 되는 의식인 혼인례(婚姻禮), 어른의 생신을 즐겁게 해드리는 수연례(壽筵禮), 사람의 주검을 갈무리하고 매장하며 근친들이 상복을 입고 근신하는 상장례(喪葬禮), 죽은 사람을 추모해 기리는 의식인 제의례(祭儀禮) 등을 통과의례라고 하였다.

각 의례에는 개인이 겪는 인생의 고비를 순조롭게 넘길 수 있도록 하는 소망이 담긴 의식과 더불어 각 의례의 의미를 상징할 수 있는 음식을 차리는데, 이 음식을 통과의례음식이라고 한다. 통과의례음식의 대표적인 상차림은 다음과 같다.

1) 출 생

삼신상은 산기(産氣)가 있기 시작하면 산욕(産褥)을 차리고 웃목에 아기를 보호해 주는 삼신에게 안산(安産)하도록 기원하는 상이다. 이때의 진설(陳設)은 쌀을 소반 가운데 수북하게 쌓아놓고 그 위에 장곽(長藿: 길고 넓은 미역)을 길게 걸치고 정화수 세 그릇을 담아서 놓는다. 안산을 하면 바로 삼신상에 놓았던 쌀과 미역으로 밥을 짓고 국을 끓여 각 세 그릇씩 놓고 정화수를 길어 그릇에 담아 놓는다.

백일상은 아기가 태어난 지 100일째 되는 날에 차리는 상이다. 이때에는 쌀밥, 미역국 외에 흰쌀로 찐 백설기를 올린다. 백설기는 흰쌀로 빻은 가루로 깨끗하게 찐 설기떡으로, 백색무구(白色無垢)의 떡으로서 출생의 신성함을 경건한 마음으로 축하하는 뜻을 갖는다.

돌상은 아기의 첫 생일, 즉 첫돌에 차리는 상이다. 돌상의 주격(主格)인 음식은 백설기와 수수팥떡으로, 수수팥떡은 붉은색의 차수수로 경단을 빚어 삶고 붉은 팥을 삶아서 만든 팥고물을 묻힌 떡으로서 붉은색은 액(厄)을 막아 준다는 토속적인 믿음에서 비롯한 풍속이다. 아기에게 의복을 입혀 성장(盛裝)시키고 돌상을 차려 돌잡이를 행하는데 여러 가지 물건을 놓고 가지고 싶은 물건을 집게 하여 아기의 장래를 점쳐보기도 하고 아이의 교육에 도움이 될 것을 알아보고자 하는 뜻이 담겨 있다. 돌잡이에는 남자 아이의 경우 무용(武勇)을 뜻하는 활과 화살, 학문을 뜻하는 천자문을 놓는다. 여자 아이의 돌상에는 수공(手工)이 능하도록 색실과 바느질자를 놓는다. 함께 올리는 미나리는 생명력과 장수를 뜻한다.

돌상차림

2) 책례 및 성년례

책례(책씻이)는 글방에서 학생들이 책 한 권을 온전히 읽어서 다 뗄 때 이것을 축하하기 위해 색떡을 만들어 그 의미를 더했다.

성년례는 아이가 성장하여 성인의 세계로 들어가는 과정에서 꼭 지켜야 할 관습이 있었고 그에 알맞는 의례를 행하는 것이다. 절차에 따라 의례가 행해진 다음에 축하의 의미로 잔칫상이 차려지는데, 이때의 주안상으로 술과 국수장국, 떡류와 조과 · 생과류의 과자류, 식혜 · 수정과 등의 음청류가 차려진다.

3) 혼 례

사람이 성장하여 때가 되면 남녀가 만나 부부가 되는 것을 혼인이라 하고 이때의 의식이 혼례이다. 혼례음식에는 봉치떡(봉채떡) · 폐백 · 큰상 · 임매상 등이 있으며 각기 의식에 따라 상차림도 다르다. 동뢰상(同牢床)은 혼인례에 있어서 대례(大禮)를 치루기 위한 상차림으로 상 위에는 화병에 꽂은 소나무, 대나무와 초 한 쌍, 대추, 밤, 콩, 팥, 암 · 수탉 한 쌍을 놓는다(일명 초례상이라고도 한다).

폐백상은 신부가 시부모에게 처음으로 인사를 드리는 현구고례(見舅姑禮)를 올리기 위하여 신부가 준비하여 가지고 가는 특별 상차림이다. 폐백음식은 지역에 따라 다르나 쇠고기산포 또는 육포와 대추로 하고, 쇠고기산포 대신 닭으로 대체하기도 한다. 폐백음식은 결실을 상징하는 것과 귀한 주안음식을 바탕으로 양식화한 것이다.

동뢰상(대례상)차림

큰상은 혼인을 하는 신랑·신부나 회갑이나 희년(稀年: 칠순) 또는 회혼을 맞이하는 어른께 축하의 뜻으로 차리는 가장 경사스럽고 화려한 상차림으로 서로 나누어 먹는 데 큰 뜻이 있으며, 일생을 사는 동안에 2~4번 큰상을 받을 수 있는 날을 갖는다. 큰상은 넓고 네모난 모양의 상에 앞줄에는 여러 가지 과정류(果飣類)와 생과류(生菓類), 건과류(乾果類), 편(떡), 전과류(煎菓類), 포(脯), 숙육류(熟肉類), 전(煎), 적(炙) 등 각종 음식 종류를 높이 약 10~60cm 정도로 괴어 색깔을 맞추어 늘어놓고 그 안쪽에다 큰상을 받는 당사자가 먹을 수 있도록 장국상의 일종인 입맷상을 차려 놓는다. 큰상 양옆에는 색떡과 화수(花樹)로 장식한다. 큰상은 전체의 길이가 약 2m 전후의 것으로 규모가 크고 화려하며 경건한 느낌을 주는 차림이다.

4) 수연례

어른의 생신에 아랫사람들이 상을 차리고 헌수(獻壽)의 술을 올려 오래 사시기를 비는 의례가 수연례이다. 자손이나 아랫사람이 있으면 누구나 행할 수 있다.

60세의 생일을 맞으면 육순(六旬)이라 하여 이전의 생일보다 나은 연회를 베푸는데 이것이 육순연(六旬宴)이다. 그리고 61세의 회갑부터 장수(長壽)의 잔치라 하여 수연(壽筵)이라 부른다. 수연(壽筵)을 수연(壽宴)이라고도 하지만, 특히 대자리 연(筵)자를 쓰는 것은 그 연회를 높이는 뜻과 자리를 깔고 특별히 큰상을 올린다는 의미가 더해진 것이다. 이 의식은 헌수의 술잔을 올리기 위해 큰상을 차리는데 이때의 큰상은 혼인례와 같은 상차림이다. 이 큰상에는 술, 주찬(酒饌), 어육, 떡, 식혜, 수정과류, 전유어, 적(炙), 전골, 나물, 헌과류, 생과류 등 온갖 음식이 다 오르지만 밥과 국(飯羹)은 올리지 않는다. 떡국이나 면 종류는 놓이지만 밥과 국을 쓰지 않는 것은 이 큰상이 헌수를 위한 상이며 밥상이 아니라는 의미에서라고 한다.

수연의 종류

- 육순(六旬) : 60세 생신이다. 육순이란 열(十)이 여섯(六)이란 말이고, 육십갑자를 모두 누리는 마지막 나이이다.
- 회갑·환갑(回甲·還甲) : 61세 생신이다. 60갑자를 다 지내고 다시 낳은 해의 간지가 돌아왔다는 의미이다. 수연례 중 가장 큰 행사이다. 갑연(甲宴), 주갑(週甲), 화갑(華甲), 환

갑(還甲) 등으로도 부른다.

- 진갑(陣甲) : 62세 생신이다. 가장 성대한 회갑잔치를 치루고 난 다음 해이므로 잔치규모가 작아질 수밖에 없다.
- 미수(美壽) : 66세 생신이다. 옛날에는 66세의 미수를 별로 의식하지 않았으나 77세, 88세, 99세와 같이 같은 숫자가 겹치는 생신과 같이 66세를 기념하게 되었다.
- 희수 · 칠순(稀壽 · 七旬) : 70세 생신이다. 옛말에 '사람이 70세까지 살기는 드물다(人生七十古來稀)' 에서 유래되어 이때의 잔치를 희연(稀宴: 드물게 보는 잔치)이라고 일컫기도 한다.
- 희수(喜壽) : 77세 생신이며, 자손들은 부모의 생일을 맞아 희수연을 벌인다. 이는 희(喜)자를 초서로 쓰면 칠십칠(七十七)이 되는 데서 유래되었다.
- 팔순(八旬) : 80세 생신이다. 이는 열이 여덟임을 한다.
- 미수(米壽) : 88세 생신이다. 자손들은 88세의 생일잔치인 미수연(米壽宴)을 벌인다. 미수는 미(米)자를 풀어쓰면 팔십팔(八十八)이 되는 데서 유래하였다.
- 졸수 · 구순(卒壽 · 九旬) : 90세의 생신이다.
- 백수(白壽) : 99세의 생신이다.
- 백수(百壽) : 일백 세의 생신으로 최장수를 축하하는 연회이다.

5) 회혼례

혼인을 한 해로부터 60주년이 되는 해를 회혼일(回婚日)이라 하여 예로부터 큰 잔치를 베풀었는데, 이를 회혼례라고 한다. 우리 선조들이 누리고 싶었던 오복(五福)은 수(壽), 부(富), 귀(貴), 강(康), 녕(寧), 다남(多男)이었다. 오래 사는 수가 으뜸이요, 그 수에서도 가장 선망 받았던 수가 회혼수였다. 그래서 인생의 그 많은 통과의례 가운데 가장 성대한 것이 60년 해로 잔치인 회혼례였다.

6) 상장례

상장례는 사람이 죽음을 맞고 그 주검을 갈무리해 장사 지내며 근친들이 일정 기간 정성을 다해 죽은 이를 기리는 의식이다. 초상집에는 이웃에서 미음과 죽을 쑤어서 상주에게 먹도록 권하는 풍속이 있었다.

상례 중에는 몇 번에 걸쳐 술과 조과, 생과, 포(脯) 등으로 전(奠)을 올리고 또 조석상식(朝夕上食 : 죽은 이의 신주를 모신 상에 아침과 저녁에 차리는 음식)을 탈상 때까지 올린다.

7) 제 례

제사상은 고조(高祖)까지의 조상이 돌아가신 날에 지내는 기제사 때 제물을 차려 벌려 놓은 상으로, 제물로는 메와 갱, 식초, 면, 편청, 탕, 전, 초장, 회, 겨자, 적, 적염, 포, 해(醢), 혜(醯), 숙채, 김치, 청장, 생과, 조과, 제주 등을 준비한다. 절차는 진설—봉주취위—강신(분향·뇌주)—참신—진찬—초헌—(전주·쇄주·전적·계반개·독축·퇴주·철적)—아헌(전적·쇄주·퇴주·철적)—종헌(전적)—유식(첨작·삽시정저)—합문—계문—진숙주—낙시저—합반개—사신—남주—분축—철찬—음복의 순으로 진행된다.

제사상차림

3장

재료에 따른 전통·향토음식

1. 채소를 이용한 음식
2. 밀가루를 이용한 음식
3. 쌀과 콩을 이용한 음식
4. 육류를 이용한 음식
5. 해산물을 이용한 음식
6. 음 료
7. 전통떡 · 과자
8. 주 류

대다수 한국인들에게는 원칙적으로 금지되는 음식이 없는데도 우리가 먹는 음식의 종류가 한정적이며, 육류의 경우 한국인들의 쇠고기 선호는 조금 유별난 편이다. 식습관 및 섭취하는 식품의 종류는 우리의 영양 상태를 좌우하는 가장 중요한 요소이다. 우리나라의 식자재로는 식물성 식품 중에서 감자류, 콩류, 채소류 등은 비교적 풍부하며 그 중 콩류는 양질의 단백질과 지방이 많이 함유되어 있으므로 두류제품을 장려하여 질이 좋은 단백질을 많이 섭취하는 것이 좋다. 그 외 곡류, 어패류, 수 · 조육류, 달걀, 해조류, 버섯류, 과일류 등이 있다.

1. 채소를 이용한 음식

산과 들이 수려한 풍토에서 자생하거나 재배되는 각양의 채소들은 맛과 향이 좋아 일찍부터 발달하였다. 채소음식은 발효식품으로 뛰어난 김치류를 비롯하여 생 채소, 익힌 채소를 다양하게 활용하므로 독특한 맛과 풍미 외에 비타민, 무기질, 식이섬유의 공급원으로서 신체기능 조절에 탁월한 효과를 갖고 있고, 특히 저마다 다른 약성을 가진 제철의 풀과 열매, 뿌리를 많이 이용한다. 김치, 오이지, 장아찌류, 나물(생채 · 숙채 · 잡채 · 냉채 · 쌈), 구절판, 버섯, 밑반찬류, 절임음식 등이 있다.

김 치

채소 발효식품으로 채소 특유의 아삭한 맛과 유기산류가 어우러져 조화를 이룬 음식이다. 상쾌한 맛과 특유한 발효미를 이루고 건더기와 국물을 모두 사용할 수 있도록 가공한 것이다.

김치의 유래는 학자에 따라 다르지만 일반적으로 '채소를 소금물에 담근다'는 의미의 '침채'(沈菜)가 '딤채', '짐치'가 되었다가 오늘날의 '김치'가 된 것으로 추정한다. 김치류는 3000년 전부터 중국에서 '저(菹)' 라는 이름으로 나타나기 시작해 우리나라에는 삼국시대에 전래되어 통일신라시대, 고려시대를 거치면서 동치미, 짠지, 장아찌 등의 제조방법이 변천한 것으로 추정된다. 오늘날과 같은 통배추와 고춧가루를 주원료로 하는 김치류는 배추와 고추가 우리나라에 들어왔던 조선시대 중반 이후에야 보급되었다.

섞박지

원산잡채

나 물

여러 가지 채소류와 산나물, 들나물, 버섯류를 데쳐 양념에 무치거나 기름에 볶은 음식이다. 신선한 쌈과 생채, 숙채, 잡채, 냉채 등이 이에 속한다.

구절판

칸이 아홉으로 나누어진 목기나 칠기, 사기 등의 그릇에 8가지 소를 준비해서 밀전병을 가운데 놓아 싸서 먹게 한 것이다. 연회상에 쓰이는 볼품이 있고 맛이 있는 음식이며, 재료는 상황에 따라 바꾸어 써도 된다. 요즘은 접시에 정갈하게 담기도 한다.

2. 밀가루를 이용한 음식

면은 밀가루나 메밀가루, 녹말 등을 반죽하여 가늘고 길게 만들어 끓는 물에 삶아서 먹는 것으로, 종류로는 재료에 따라 밀국수, 메밀국수, 녹말국수 등이 있고, 조리법에 따라 온면(국수장국), 냉면, 비빔면, 제물칼국수, 면신선로 등이 있으며, 가공방법에 따라 압착면, 절면, 타면, 또는 납면 등이 있다. 우리나라는 밥을 주식으로 하고 예부터 밀의 생산이 제한적이어서 밀이 주곡(主穀)이 아니었기 때문에 밀가루 음식은 비교적 귀한 식품이었다. 따라서 면의 용도는 주로 잔치나 기타 의례식, 별미식으로 많이 이용되었다. 면류 중 국수는 통과의례음식으로 많이 쓰였다. 돌상, 생일상, 혼인상, 회갑상 등 잔칫상에

건진국수

막국수

는 반드시 국수가 올려졌는데, 이는 국수의 긴 면발이 장수를 의미하기도 하였지만 옛날에는 밀가루 자체가 귀한 식품이었기 때문에 잔치나 어떤 행사식일 경우에 평소에 잘하지 않던 귀한 음식을 차리는 풍습에서 비롯되었다.

만두는 밀가루나 메밀가루를 반죽하여 만두피를 빚고, 육류나 채소로 만든 소를 넣고 싸서 찌거나 삶아서 익힌다. 종류로는 장국만두, 찐만두, 편수, 규아상 등이 있다.

수제비는 재료에 따라 밀수제비, 메밀수제비 등이 있다.

3. 쌀과 콩을 이용한 음식

곡물 상용에서 오는 영양적 손실을 막기 위하여 콩을 재배하고 그에 따른 조리법이 개발되었는데 그 대표적인 음식이 장류이다. 장류는 우리 음식을 좌우하는 중요한 조미료이며 찬물로 사용하는 식품이다.

쌀과 콩을 중심으로 한 곡류 음식은 영양 공급은 물론 콜레스테롤 강하, 성인병 예방, 항산화 효과가 있다. 이를 이용한 음식의 예는 밥, 죽, 떡, 술, 장, 식혜, 떡국, 엿 등이다.

밥

밥은 쌀을 씻어 불려 물을 넣고 익히고, 죽은 물의 양을 많이 하고 오래 끓이는 음식이다. 죽은 별미 음식뿐 아니라 병인식, 보양식 등으로 많이 이용되고 있다.

비빔밥은 『시의전서』에 처음 등장한다. “밥을 정히 짓고 고기는 재워 볶고 간납은 부쳐 썬다. 각색 남새를 볶아 넣고 좋은 다시마로 튀각을 튀겨서 부셔 넣는다. 밥에 모든 재료를 다 섞고 깨소금, 기름을 많이 넣어 비벼서 그릇에 담는다. 위에는 잡탕거리처럼 달걀을 부쳐서 골패쪽 만큼씩 썰어 얹는다. 완자는 고기를 곱게 다져 잘 재워 구슬만큼씩 빚은 다음 밀가루를 약간 묻혀 달걀을 씌워 부쳐 얹는다. 비빔밥상에 장국은 잡탕국으로 해서 쓴다.” 고 하였다.

이러한 비빔밥은 전주, 진주, 해주에서 향토 명물 음식이 되었다. 사골국물로 밥을 짓는 전주비빔밥, 기름으로 볶은 밥에 닭고기를 얹는 해주비빔밥, 제사상 나물을 간장으로 버무린 안동헛제사밥, 해초를 넣는 통영비빔밥, 제사음식을 비비고 제탕을 나눠 먹었던 데서 유래한 진주비빔밥은 놋그릇에 오색 나물과 육회를 담아 ‘화반(花飯)’ 이라 불릴 만큼 화려하면서 맛도 깔끔하다.

떡

명절음식이자 일상음식이기도 하며 통과의례 상차림에서도 손꼽히는 주요 음식이다. 재료는 멥쌀과 찹쌀이 주가 되고 기타 잡곡도 쓰인다. 고물로는 콩 · 깨 · 팥 · 녹두 등을 주로 쓰고, 여러 부재료들이 계절에 따라 이용된다. 떡은 만드는 과정에 따라 종류가 많고 형태도 다양하다.

떡을 크게 나누면 곡물가루를 시루에 안쳐서 찌는 떡, 곡물을 알갱이 그대로 또는 가루 내어 찐 다음에 안반에 놓고 쳐서 만든 치는 떡, 가루를 반죽하여 모양을 빚어 삶은 후에 고물을 묻히는 삶는 떡, 곡물가루를 반죽한 다음 모양을 만들어 기름에 지지는 떡

콩찰편

모시송편

부 편

이 있다.

떡은 재료배합에 있어서도 매우 과학적이고 합리적인 특징을 가지고 있다. 재료를 배합할 때 약리적인 효과를 고려하고, 또 향미 성분이나 맛 성분을 첨가할 때 다른 재료와의 조화를 꾀하는 등의 다양한 조리방법이 있다.

장

장(醬)은 상고시대부터 오늘에 이르기까지 우리 민족의 전통적 식생활의 기본적인 조미료이면서 부식품으로 상용하여 온 콩류의 가공음식의 하나이다. 간장과 된장은 한국의 맛을 상징하는 조미식품으로, 또 기호식품으로도 중요한 부식일 뿐 아니라 주식인 쌀과 보리의 제한성 아마노산인 라이신(lysine)을 보완할 수 있는 대두 가공식품으로써 우리 식생활에 기여하는 바가 크다.

된장과 청국장

4. 육류를 이용한 음식

목축이 번성한 나라는 아니지만 고기요리법이 잘 발달해 있으며, 이는 중앙아시아의 초기 유목민적 식습관이 전해 내려오는 것으로 추정된다. 고기음식은 구이, 찜, 볶음, 전, 회 등 여러 가지 조리법이 발달하였고, 특히 구이법은 풍미가 뛰어나다. 너비아니, 갈비, 탕류, 수육 등이 있다.

너비아니

불고기라고도 하나 조리법은 다르다. 안심이나 등심살을 얇게 저며 잔 칼질하고 갖은 양념하여 숯불에 굽는다. 직화로 연기를 내며 굽는 방식은 중국에도 일본에도 없는 육류 요리법이다. 너비아니를 먹을 때 신선한 채소류인 상추, 쑥갓, 들깻잎 등과 곁들이면 맛뿐 아니라 영양도 만점이다.

설렁탕

국물을 이용하는 요리이다. 사태, 양지를 내장, 소머리와 함께 고아서 찬 곳에 식혀 기름을 거둔 후 얇게 썬 삶은 고기를 얹어 먹는 음식이다.

족 편

쇠머리, 쇠족 등에 물을 붓고 오랫동안 고아서 콜라겐을 용출시킨 국물을 차게 식히면 젤라틴화되어 묵처럼 응고되는 성질을 이용한 음식이다.

편 육

고기를 푹 삶아 내어 물기를 뺀 것을 보자기에 싸서 무거운 돌로 눌러 물기를 빼고 얇게 저민 것이며 쇠머리편육, 우설편육, 사태편육, 양지머리편육, 돼지머리편육 등이 있다.

5. 해산물을 이용한 음식

삼면이 바다라서 제철에 맞추어 풍부하게 잡히는 생선을 재료로 한 날 회, 익힌 회, 찜, 조림, 구이, 찌개 등 담백하고 감칠 맛 나는 여러 조리법이 전승되고, 양질의 단백질과 지방질, 무기질의 공급원으로 이용된다. 국, 찌개, 구이, 찜, 조림, 전, 회, 발효음식인 젓갈까지 중요한 부식을 맡고 있다.

어리굴젓

간장게장

젓갈은 어패류를 소금에 절여 발효시킨 것으로 젓과 식해를 통틀어 일컫는 말이다. 어패류를 20% 소금에 절여 자체 내의 자가분해효소와 미생물에 의한 발효작용으로 생긴 유리아미노산과 핵산분해산물의 상승작용으로 특유한 감칠맛을 갖는 발효저장식품이다.

식해는 소금에 절인 생선살에 밥(조밥 · 쌀밥), 무채, 양념 등을 함께 섞어 절여서 자연발효로 생긴 유산에 의해 부패를 방지한 발효저장식품을 말한다.

6. 음 료

우리나라는 예로부터 산이 많아 깊은 계곡이 많고 좋은 샘물에 양질의 물이 풍부하였다. 좋은 물을 가장 좋은 음료로 여겼으며 전통음료도 그 자체가 약이 되는 음식으로서 맛과 영양이 우수한 천연 기호식품이다. 주로 약이성 효과를 겸하는 건강음료이며 자연식이다. 근래 기호식품으로 새롭게 각광받고 있는 음청류는 재료와 조리법이 다양하여 기호식품은 물론이고 건강음료로서 수요가 급증하고 있다. 차(녹차 · 인삼차 · 결명자차 · 구기자차 · 모과차 · 유자차 등), 음청류(식혜 · 수정과 · 화채류 등) 등이 있다.

식 혜

쌀밥을 엿기름으로 당화시켜 단맛을 내는 음료이다.

식 혜

진달래화채

수정과

생강, 계피, 통후추를 달인 물에 꿀을 타고 곶감을 담가 무르게 한 후 잣을 띄우는 음료이다.

유자화채

노란 햇유자를 겉껍질과 흰 속껍질로 나누어 벗겨 채 썰고 배도 채 썰어 꿀물에 담아 석류알을 가운데 띄워 내는 음료이다.

진달래화채

봄철 진달래꽃이 필 때 꽃을 따다가 꽃술을 빼고 씻어 녹두녹말에 묻혀 끓는 물에 담갔다가 건진 것을 미리 차게 식혀 둔 오미자국물에 띄워 내는 음식이다.

7. 전통떡 · 과자

전통떡은 보통 멥쌀이나 찹쌀 또는 잡곡 등의 곡물을 이용하여 물에 불려 찌거나 삶거나 지져서 익힌 음식으로 오랜 세월 동안 우리 생활에 밀착되어 온 뿌리 깊은 음식이다. 우리 민족에게 있어서 떡은 주식으로 쓰이는 것은 물론 의례용으로도 이용되어 잔치의 주된 음식으로 꼽혀 왔다. 떡은 찌는 떡(증병 : 蒸餠), 치는 떡(도병 : 搗餠), 지지는 떡(유

대추 · 석이단자

과 편

전병 : 油煎餠), 삶는 떡(경단류 : 瓊團類)으로 분류할 수 있다.

전통과자인 한과류는 예부터 즐겨 이용되어 명절, 시·절식뿐 아니라 혼인례, 제의례를 비롯한 각종 행사에 빠짐없이 오른 우리 고유의 과자이다. 특히 고려시대에 차 문화와 함께 더욱 발달한 음식으로 사회·문화적, 종교적 영향으로 융성하기도 했고 소멸의 위기를 맞기도 했다. 전통과자는 크게 유과(산자), 유밀과, 전과류, 다식과, 숙실과, 과편류, 엿강정으로 나눌 수 있다.

8. 주 류

예부터 우리 조상들은 오랜 세월을 통해 단순히 기호음료뿐 아니라 약을 복용하기 위한 수단으로, 더러는 약재를 저장할 목적으로 술을 만들어 왔다. 술에 약재를 넣음으로써 그 약용성분을 우려 내는 등 독특한 양조기술을 발달시켜 왔으며, 술의 폐해를 최소화하려는 노력을 보였다. 그 예로 가향약주(加香藥酒) 또는 향약주(香藥酒)라고 하여 식물의 꽃이나 잎, 줄기, 뿌리를 넣어 술을 빚음으로써 술에 독특한 향이나 빛깔을 내기 위한 것과 약용을 목적으로 한 술이 그것이다.

우리나라 전통술에는 막걸리, 약용주, 소주, 청주, 이화주, 누룩, 각종 과일주 등이 있다.

4장

전통 · 향토음식의 양념과 고명

1 전통 · 향토음식의 양념

2 전통 · 향토음식의 고명

우리나라 전통음식에서는 양념과 고명을 적절히 쓴다. 맛을 내는 조미료와 음식의 향을 돋우는 향신료를 구별하지 않고 맛을 내는 데 쓰는 것을 일반적으로 통틀어 양념이라 하며, 음식의 양념이 되기도 하고 겉 모양을 좋게 하기 위하여 음식 위에 뿌리거나 얹어 내는 것을 고명이라고 한다.

1. 전통 · 향토음식의 양념

우리나라 음식은 맛이 담백하고 단순한 쌀밥 위주의 식생활 때문에 강한 맛의 찬류가 필요해 고춧가루, 마늘, 생강, 겨자, 파 등 강한 향신료를 양념으로 쓰는데 이들은 식욕을 돋우고 음식의 저장, 보존성을 높인다. 또한 조미료, 향신료 등 양념의 이용이 섬세하나 음식마다 대부분 비슷하게 사용되는 결점도 있다.

양념은 몸에 약처럼 이롭기를 바라는 마음에서 한자로는 약념(藥念)으로 표시하는데 '약이 되도록 염두에 두다' 는 뜻으로 재료의 맛과 향을 돋우거나 나쁜 맛을 없애기 위해서 사용되는 것을 말한다. 양념은 종류, 분량, 음식에 넣은 때에 따라서 맛이 좌우되므로 과학적인 올바른 지식과 사용이 필요하다. 우리나라 음식에 쓰이는 주요 양념으로는 간장, 소금, 된장, 고추장, 고춧가루, 참기름, 들기름, 식용유, 깨소금, 후춧가루, 계핏가루, 산초, 겨자, 식초, 꿀, 물엿, 설탕, 파, 마늘, 생강 등이 있다.

조미료는 주재료인 식품 자체의 특성을 그대로 살리면서 더 좋은 맛과 향을 내기 위해 첨가시키는 것으로 약리적인 효능까지도 지닌다. 우리나라의 기본 조미료는 소금, 간장, 된장, 고추장(고춧가루), 참기름, 깨소금, 후춧가루, 파, 마늘, 생강, 젓갈, 식초류 등이 있으며 이 기본 맛은 서로 복합되어 여러 가지 맛을 지닌다. 음식의 맛을 좋게 할 뿐 아니라 미각을 자극하여 식욕을 촉진시키고 발효식품의 숙성된 맛을 조절하고 식품의 조직감과 질감의 형성, 식품의 보존성 향상 그리고 나쁜 맛을 억제시키기도 하면서 조화된 맛을 창조해 낸다. 이러한 조미료는 짠맛, 단맛, 쓴맛, 신맛, 떫은 맛 외에 매운맛, 고소한 맛 등의 다양한 맛으로 나타나고 있다.

소 금

소금은 음식의 맛을 내는 가장 기본적인 조미료로 짠맛을 낸다. 소금의 종류는 호렴(청염), 재염, 재제염, 식탁염, 맛소금 등으로 나눌 수 있다. 소금을 음식에 넣을 때는 처음부터 같이 넣으면 잘 무르지 않으므로 음식이 익은 다음에 넣는다. 소금과 설탕을 함께 사용할 경우에는 설탕을 먼저 넣는다. 보통 맑은국은 1% 정도, 토장국이나 찌개는 2% 정도, 찜이나 조림 등은 간이 더욱 강해야 맛있게 느낀다.

간 장

간장은 콩으로 만든 우리 고유의 발효식품으로 음식의 간을 맞추는 주요 조미료이다. 간장은 메주를 소금물에 담가 숙성시키므로 아미노산, 당분, 지방산, 방향물질이 생긴다. 오래된 진간장은 조림·초·육포 등에 사용하고, 그 해에 담근 맑은청장은 국·찌개·나물 무침에 사용한다.

간장을 담글 때는 메주 띄우기 및 손질, 메주와 소금물의 비율, 담그는 시기와 원하는 염도를 고려하여 보오메 비중계로 16~20Be′에 맞추고 숙성 중에는 관리를 잘해야 맛있는 간장을 얻을 수 있다.

된 장

콩으로 메주를 쑤어 띄운 다음, 소금물에 담가 숙성시킨 후 간장을 떠 내고 남은 것으로 단백질의 좋은 공급원이 된다. 된장의 '된'은 되직하다는 것으로 찌개, 토장국, 상추쌈이나 호박잎쌈에 곁들이는 쌈장과 장떡 등에 이용되며 단백질의 좋은 공급원이 된다. 시중에서 파는 개량식 된장은 살짝 끓이고 재래식 된장은 오래 끓여야 제맛이 난다.

고추장

우리 고유의 간장, 된장과 함께 발효식품으로 세계에서 유일한 매운맛을 내는 복합 발효 조미료이다. 고추장은 찹쌀고추장, 보리고추장, 대추고추장 등이 있다. 찹쌀이나 보리쌀 등의 곡류를 엿기름으로 당화시켜 조청을 만들고 고춧가루, 메줏가루, 소금을 각각의 재료와 함께 섞어 숙성시킨다. 고추장은 그 자체가 반찬이기도 하고 찌개나 다른 음식의 양념으로 이용되는 우리나라 고유의 조미료이다.

고춧가루

고추는 잘 익고 껍질이 두꺼우면서 윤기가 있는 것이 상품(上品)이며, 태양에 말린 고추가 쪄서 말린 고추보다 비타민 함량이 훨씬 높고 빛도 곱다. 가루로 만들 때에는 고추를 행주로 깨끗이 닦아 꼭지를 따고 씨를 뺀 다음 깨끗한 보자기 위에 펴서 말려 용도에 따라 고추장이나 조미용은 곱게, 김치와 깍두기용은 중간 입자로, 여름 물김치용으로는 굵게 빻아서 사용한다.

참기름, 들기름, 식용유, 고추기름

참깨를 볶아 짠 참기름은 독특한 향기가 있으며, 우리나라 음식에 거의 빠지지 않고 들어가는 대표적인 식물성 기름으로 나물 무치는 데 주로 사용된다.

들깨에서 얻은 들기름은 나물 볶을 때에 많이 사용하나 불포화지방산이 다량 함유되어 있으므로 짜서 오래 두게 되면 산패되기 쉽다.

식용유는 콩기름, 옥수수기름, 면실유, 채종유, 쌀눈기름 등이 있으며 부침이나 튀김요리를 할 때 많이 사용한다.

고추기름은 식용유에 고춧가루를 넣고 끓여 거른 것으로 매운맛을 내는 육개장, 순두부 등에 이용된다.

깨소금, 흑임자가루, 들깻가루

깨소금은 잘 여문 검정깨, 흰깨를 택하여 깨끗이 일어 씻어 볶아 뜨거울 때 소금을 넣어 빻는다.

들깨는 주로 거피하여 가루 내어 조림이나 찌개, 전골 등에 쓰인다.

후 추

검은 후추는 미숙된 후추열매를 통으로 사용하는 경우도 있으나 보통 갈아서 가루로 만든 것을 육류요리나 생선요리에 사용한다. 완숙된 후추열매를 껍질 벗겨서 가루로 만든 흰후추는 매운맛이 약하지만 생선요리나 깨끗한 음식에 사용한다.

산 초

산초는 잎, 열매 모두 향신료로 사용되며 열매는 푸를 때 따서 장아찌를 만들기도 하고, 익은 열매는 건조시켜 가루로 만들어 조미료로 사용한다. 건위, 구충작용이 있어 한약재로도 쓰이며 고추가 전래되기 이전에는 김치나 음식에 매운맛을 내는 조미료로 많이 쓰였다. 추어탕, 개장국, 제주도 향토음식인 자리회 등에는 산초가루가 잘 어울린다.

계 피

육계라고 하며 계수나무의 껍질을 말린 것을 가루로 만들어 떡, 약식 등에 사용하기도 하고 수정과 등에는 향만을 우려 내어 사용한다. 줄기인 계지는 차로 끓여서 먹기도 한다.

겨 자

겨자 씨앗을 가루로 만들어 사용하는데 겨자의 매운맛 성분인 시니그린을 분해시키는 효소인 미로시나제(myrosinase)는 40℃ 정도에서 매운맛을 내기 때문에 따뜻한 곳에서 발효를 시키는 것이 좋다. 겨자채, 냉채류 등에도 매콤하게 발효시킨 다음에 사용해야 한다.

고추냉이

일명 '와사비'로 불리며 뿌리를 이용하여 생 것과 말린 것을 갈아 냉수에 개서 사용한다.

식초, 술

양조초와 합성초가 있다. 양조초는 곡물이나 과실을 원료로 하여 발효시켜 만든 것이며 합성초는 화학적으로 합성한 것이므로 양조초나 과실초와 같은 특수한 미량성분이 포함되어 있지 않으므로 풍미가 없다. 식초는 식욕을 돋우어 줄 뿐 아니라 살균, 방부의 효과도 있으므로 생선 요리에 쓰면 비린내를 없애고 단백질을 응고시켜 생선살이 단단해진다. 사용할 때는 다른 조미료를 먼저 넣고 스며든 다음에 식초를 사용해야 한다.

백설탕, 황설탕, 흑설탕, 캐러멜

설탕은 천연 감미료로 정제도에 따라 흑설탕, 황설탕, 백설탕으로 나누며 감미도는 색이 흰 것일수록 높아 백설탕이 제일 달다. 설탕은 감미도 외에도 탈수성과 보존성이 있어 이러한 물리적 성질을 요리에 이용하기도 하는데, 설탕을 160℃ 이상의 고온에서 분해시킨 캐러멜은 일종의 천연색소로 이용된다.

조청, 물엿, 유자청

꿀은 과당으로 구성된 천연 감미료로 백청(白淸)이라고 한다. 당분 이외에 비타민과 무기질이 함유되어 있어서 소화도 좋은 편이다. 과자류에 많이 사용되며 화채, 약과, 약식 등에 사용된다.

조청은 곡류를 엿기름으로 당화시켜 오래 고아서 걸쭉하게 만든 갈색의 묽은 엿으로 혀에 닿는 감촉이 좋아서 과자나 조림에 많이 이용된다.

물엿은 녹말의 당화효소 또는 산으로 분해시켜 만든 감미료로 설탕에 비해 감미도가 1/3 정도 낮으며 흡습성이 있다.

유자청은 유자를 꿀이나 설탕에 재어 윗부분에 고이는 맑은 액체로 향이 좋아 식혜나 차, 소스 제조 시 레몬즙과 함께 쓰인다. 과자나 조림에 많이 이용한다.

파, 마늘, 생강

파는 독특한 자극 성분인 유기황화합물이 함유되어 있어서 고기나 생선의 나쁜 비린내를 제거한다. 파란 부분은 채 또는 크게 썰어 향신료로 쓰고, 고명으로는 가늘게 채 썰거나 다지고, 양념으로 사용할 때는 흰 부분만을 쓴다.

마늘은 알리신이라는 휘발성 물질이 함유되어 있어 살균 · 구충 · 강장작용이 있으며 소화와 비타민 B_1의 흡수를 도와 혈액 순환을 촉진한다.

생강은 껍질에 주름이 없고 싱싱한 것이 상품(上品)으로 각종 요리에 많이 이용되며 매운맛의 성분은 진저론(gingerone)이다. 생선의 비린내나 육류 냄새를 제거하고, 식욕 증진과 몸을 따뜻하게 하는 작용, 연육작용, 항산화작용도 약간 있다.

초간장

초간장은 간장과 식초를 주재료로 하여 만든 양념간장으로, 식초에 설탕을 타서 잘 저은 다음, 간장을 넣고 잘 섞은 뒤 잣가루를 넣어 만들며, 주로 저냐에 곁들인다. 식초나 여름귤의 신맛을 이용하여 귤즙을 만들어 간장, 설탕, 꿀, 곱게 다진 파를 섞어 만들기도 하는데, 편육이나 저냐에 곁들인다.

초고추장

초고추장은 고추장과 식초를 주재료로 하여 만든 양념고추장으로, 식초나 밀감즙에 꿀을 넣어 잘 젓고 고추장, 배즙, 생강즙을 넣어 잘 섞은 후 참기름 한두 방울을 떨어뜨려 만든다. 육회나 어패류 회에 곁들인다. 그 밖에 식초에 설탕을 넣고 잘 저은 다음, 고추장과 간장을 넣어 만들기도 하며, 주로 강회에 곁들인다.

초젓국

새우젓국에다 식초, 고운 고춧가루를 넣어 만든 양념젓국으로, 주로 제육을 낼 때에 곁들인다.

2. 전통 · 향토음식의 고명

고명은 '웃기' 또는 '꾸미'라고도 하며 음식을 보고 아름답게 느껴 먹고 싶은 마음이 들도록 음식의 맛보다 겉 모양과 색을 좋게 하기 위해 음식 위에 뿌리거나 덧붙여 맛과 영양을 보충하면서도 식욕을 돋우기 위하여 사용하는 것이다. 우리나라 음식의 고명은 음양오행설에 기초를 두어 적색, 녹색, 황색, 흰색, 검정의 오색의 사용을 기본으로 한다.

고명은 여러 가지가 있으나 우리나라 음식에 자주 사용되는 것은 알고명(달걀지단), 알쌈, 초대, 쇠고기완자, 잣, 버섯, 호두, 은행, 실고추, 홍고추, 대추, 밤, 통깨 등이 있다.

달걀지단

달걀지단을 노른자와 흰자로 나누어서 각각 소금을 약간 넣어 거품이 일지 않게 잘 젓는다. 지단은 고명 중에 흰자와 노란색을 가진 자연식품 중에 가장 널리 쓰인다. 채 썬 지단은 나물이나 잡채에, 골패형인 직사각형과 완자형인 마름모꼴은 국이나 찜, 전골 등에 쓴다.

미나리초대

미나리를 깨끗이 씻어서 줄기만을 약 15cm 정도의 길이로 잘라 굵은 쪽과 가는 쪽을 꼬치에 가지런히 빈틈이 없이 꿰어서 밀가루로 얇게 묻힌 후 푼 달걀에 담갔다가 팬에 기름을 두르고 달걀지단 부치듯이 양면을 지진다. 지져낸 초대는 식은 후에 완자형이나 골패형으로 썰어 탕, 전골, 신선로 등에 넣는다.

고기완자

완자를 봉오리라고도 하며 대개는 쇠고기의 살을 곱게 다져서 양념하여 둥글게 빚는다. 때로는 물기를 짠 두부를 으깨어서 섞기도 하며, 완자의 크기는 음식에 따라 1~2cm 정도로 빚는다. 둥글게 빚은 완자는 밀가루를 얇게 입히고, 풀어 놓은 달걀에 담가서 옷을 입혀서 팬에 기름을 두르고 굴리면서 고르게 지진다.

고기고명

다진 고기고명은 쇠고기를 곱게 다져서 간장, 설탕, 파, 마늘, 깨소금, 참기름, 후춧가루 등으로 양념해서 볶아 식힌 후 다시 곱게 다져서 국수장국이나 비빔국수의 고명으로 쓴다. 채 고명은 쇠고기를 가늘게 채 썰어 양념하여 떡국이나 국수의 고명으로 얹는다.

버섯고명

표고는 만드는 음식에 따라 적당한 크기의 것으로 골라서 물에 불려서 부드럽게 만든 후 기둥을 떼어내고 용도에 맞게 썰어 고기양념장과 마찬가지로 간장, 설탕, 파, 마늘, 깨소금, 참기름, 후춧가루 등으로 양념해서 볶아 고명으로 쓴다. 표고를 담근 물은 맛 성분이 많이 우러나서 맛이 좋으므로 국이나 찌개의 국물로 이용하면 좋다.

석이는 되도록 부서지지 않은 큰 것으로 골라서 더운 물에 불려서 양손으로 비벼서 안쪽의 이끼를 말끔하게 벗겨 내어 씻는다. 석이를 채 썰 때는 말아서 썰고, 다져서 달걀흰자에 섞어 석이지단을 부쳐 쓰기도 한다. 채 썰어 보김치, 국수, 잡채 등의 고명으로 쓴다.

실고추

붉은색이 고운 말린 고추를 반으로 갈라서 씨를 제거하고, 젖은 행주로 닦아 부드럽게 하여 말아서 곱게 채 썬다. 나물이나 국수의 고명으로 쓰이고 김치에 많이 쓰인다.

홍고추, 풋고추

말리지 않은 홍고추나 풋고추를 반으로 갈라서 씨를 빼고 썰거나 완자형, 골패형으로 썰어 웃기로 쓴다. 익힌 음식의 고명으로 쓸 때는 끓는 물에 살짝 데쳐서 사용한다. 잡채나 국수의 고명으로도 쓰인다.

실파와 미나리

가는 실파나 미나리 줄기를 3~4cm 길이로 썰어 찜, 전골이나 국수의 웃기로 쓴다.

통 깨

참깨를 볶아서 빻지 않고 그대로 남고 나물, 잡채, 적, 구이 등의 고명으로 뿌린다. 통깨 고명대신 잣가루를 두루 사용하기도 한다.

잣

잣은 되도록 굵고 통통하고 기름이 겉으로 배지 않고 보송보송한 것이 좋다. 잣은 뾰족한 쪽의 고깔을 뗀 후 통째로 쓰거나 길이로 반을 갈라서 비늘잣을 만들거나 잣가루로 만들어 쓴다. 통잣은 전골, 탕, 신선로 등의 웃기나 차와 화채에 띄우고, 비늘잣은 만두소나 편의 고명으로 쓴다. 잣가루는 회나 적, 구절판 등의 완성된 음식을 담은 위에 뿌려서 모양을 내며 초간장에도 넣는다.

전통과자류의 재료로 강정이나 단자 등의 고물로 쓰고, 잣박산, 마른안주로도 많이 쓰인다.

은 행

은행은 딱딱한 껍질을 까고 달구어진 팬에 기름을 두르고 굴리면서 볶아 행주로 싸서 비벼 속껍질을 벗긴다. 소금을 약간 넣고 끓는 물에 은행을 넣어 삶아서 벗기는 방법도 있다. 신설로, 전골, 찜의 고명으로 쓰이고, 볶아서 소금으로 간하여 2~3알씩 꼬치에 꿰어 마른안주로도 쓴다.

호 두

딱딱한 껍질은 벗기고 알갱이가 부서지지 않게 꺼내어 반으로 갈라서 더운 물에 잠시 담갔다가 꼬치 등 날카로운 것으로 속껍질을 벗긴다. 찜이나 신선로, 전골 등의 고명으로 쓰인다. 속껍질까지 벗긴 호두알은 녹말가루를 고루 묻혀 기름에 튀겨 소금을 약간 뿌려 마른안주로도 쓰인다.

대 추

대추는 고추와 더불어 붉은색의 고명으로 쓰이는데, 단맛이 있어 어느 음식에나 적합하지는 않다. 살은 발라 내어 채 썰어서 고명으로 쓴다. 찜에는 크게 썰고, 보김치 · 백김치에 채 썰어 넣고, 식혜와 차에도 채를 썰어 띄운다.

밤

단단한 겉껍질과 속껍질을 벗긴 후 찜에는 통째로 넣고, 채로 썰어 편이나 떡고물로 쓰거나 삶아서 체에 걸러 단자와 경단의 고물로 사용한다. 예쁘게 깎은 생률은 마른안주로 가장 많이 쓰이고 납작하고 얇게 썰어서 보김치, 겨자채, 냉채 등에도 넣는다.

알 쌈

쇠고기를 곱게 다져 양념하여 콩알만큼씩 떼어 타원형으로 빚고, 팬에 지져 소를 만든다. 달걀을 풀어 팬에 한 숟가락 씩 떠 놓은 다음, 타원형으로 만들어 만들어 놓은 소를 한쪽에 놓고 반으로 접어 반달 모양으로 지진다. 신선로, 된장찌개의 고명으로 쓰고, 술안주로도 쓴다.

감국잎

국화잎을 씻어 녹두녹말을 묻혀 끓는 물에 데친 다음, 찬물에 헹궈 체에 건져 고명으로 쓴다.

제2부

전통 · 향토음식의 실제

전통 · 향토음식의 계량화

전통 · 향토음식을 표준화하기 위해서는 재료를 정확하게 계량해야 하고 또한 올바른 계량법도 중요하다. 즉, 재료에 따른 정확한 계량기구의 선택은 물론 그것을 사용하는 기술이 고려되어야 한다.

일반적으로 대부분의 레시피는 재료의 무게보다도 부피로 계량을 하지만 다량 조리에서는 모든 재료를 무게로 계량하는 것이 바람직하다. 특히 우리 음식의 묘미를 살릴 수 있는 조미료는 계량을 행하는 개개인에 따라 그 편차가 심하므로 무게로 계량해야 한다.

우리 전통 · 향토음식의 중요한 음식의 맛을 결정하는 조미료의 정확한 계량은 전통음식의 표준화와 맛의 균질화를 위해 우선되어야 할 과제이다.

조리 방법의 계량

무게(중량)나 부피(용량), 온도 등의 계측 있는 음식을 조리하려면 식품재료를 적절히 잘 배합해야 한다. 이를 위해서는 정확한 무게와 용량에 대한 계량기술이 필수적이다.

- 계량의 목적 : 음식의 목적에 알맞게 준비하고 또 적절하게 조미하는 등 합리적인 조리를 위한 것
- 계량기의 종류 : 저울, 계량컵(200mL, 240mL), 계량스푼(5/15mL), 온도계(표면온도계, 내부 온도계), 타이머(timer), 염도계－간장, 잼(비중으로 나타내는 농도), 계량스푼 등
- 계량방법 : 식품－부피보다는 무게로 계량, 조미료－부피로 계량(단, 다량조리일 경우에는 조미료도 무게로 측정하는 것이 바람직하다)

예 식품의 계량

- 1큰술 = 1테이블스푼(TS) = 15mL
- 1작은술 = 1티스푼(ts) = 5mL
- 1큰술(TS) = 3작은술(3ts)

식품별 상용 1작은술의 중량

식품명 \ 계량(g)	1컵(200mL)의 중량	1작은술(5mL)의 중량
물	200	물
간 장	230	물
고추장	260	물
참기름	170	물
황설탕	120	물
꿀	260	물

식품별 상용 1큰술의 중량

식품명	1큰술의 중량(g)	식품명	1큰술의 중량(g)
물	15	설 탕	14
간 장	17	황설탕	9
된 장	18	후춧가루	6
고추장	20	겨자가루	6
참기름	14	굵은 고춧가루	6
통 깨	8	고운 고춧가루	7.5
깨소금	10	카레가루	9
다진 파	10	하이스가루	7
다진 마늘	14	밀가루	8
다진 생강	12	녹두전분	6
생강즙	15	감자전분	6.8
꿀	22	빵가루	4
물 엿	23	토마토케첩	18
소금(재렴)	10	마요네즈	15
맛소금	14	프렌치드레싱	14
다시다	12	돈가스소스	16
조미료	11	땅콩버터	17
정 종	15	마가린	14
식 초	15	잼	22
식용유	14	자장소스	18

식품별 상용 1컵의 중량

식품명	1컵(200mL)의 중량(g)	식품명	1컵(200mL)의 중량(g)	식품명	1컵(200mL)의 중량(g)
백 미	160	삶은 보리쌀	130	잣가루	90
현 미	160	흰떡(1가래)	100	황률가루	119
찹 쌀	160	식혜 밥알	130	대춧가루	90
보리쌀	180	불린 당면	180	석이가루	110
압 맥	110	두부(1모)	250	승검초가루	40
밀	160	쌀가루	100	송홧가루	75
옥수수	155	찹쌀가루	100	송깃가루	90
찰수수	180	찰수수가루	90	유자가루	128
차좁쌀	160	메밀가루	120	녹두녹말	140
메 조	165	감잣가루	90	연근녹말	110
기장쌀	169	밀가루(강)	105	율무녹말	80
대 두	160	밀가루(중)	105	갈분(칡녹말)	140
팥	165	밀가루(박)	100	생강녹말	84
녹 두	170	팥가루	125	도토리녹말	139
율 무	150	콩가루(생)	98	거피팥고물	114
땅 콩	120	콩가루(볶은 것)	85	볶은 팥고물	108
참 깨	120	메줏가루	78	볶은 녹두고물	110
검정깨	110	메주(잘게부순것)	96	세 반	58
들 깨	110	엿기름가루	115	밥 풀	12
밥	120	감가루	158		

식품별 중간 크기 1개의 중량

식품명	중간 크기 1개(g)	식품명	중간 크기 1개(g)	식품명	중간 크기 1개(g)
배 추	1000~1300	오 이	150~200	생강(1뿌리)	20
무	700	호 박	300~350	시금치(1단)	250~300
감 자	140	늙은호박	3000	쑥갓(1단)	230
고구마	250	양 파	160	미나리(1단)	180~200
당 근	70~100	고 추	10	부추(1단)	160~170
가 지	100	파(1뿌리)	20~30	두릅(1단)	120
우엉(1단)	400~410	마늘(1통)	30	달래(1단)	80

5장 주식류

강원

강냉이밥 (옥수수밥)

재료

통옥수수알	400g
물	600g
소금	5g
쌀	540g
들기름	14g
소금	2.5g
물	810g

만드는 방법

1 통옥수수는 물, 소금을 넣어 삶아 알알이 떼 놓는다.

2 멥쌀은 30분간 불린 다음 소쿠리에 건져 놓고 들기름을 두른 냄비에 쌀을 넣고 볶는다.

3 2에 옥수수, 소금과 물을 넣어 밥을 짓는다.

4 양념장에 비벼 먹어도 좋다.

감자밥

강원

재료

감자	450g
소금	5g
물	600g
보리쌀	360g
물	800g
멥쌀	180g
물	500g

만드는 방법

1 감자의 껍질을 벗겨 내고, 사방 3cm 크기로 썬다.

2 냄비에 1의 감자와 소금, 물을 넣고 삶아 낸 다음 소쿠리에 담는다.

3 보리쌀을 물에 불린 다음 푹 삶아 소쿠리에 담는다.

4 멥쌀을 씻어 물에 30분간 불려 놓는다.

5 삶은 보리쌀과 멥쌀을 섞고, 물 500g을 넣어 밥을 짓는다.

6 뜸을 들일 때 감자를 넣고 10분 정도 계속 뜸 들인다.

강원

곤드레밥

재료

곤드레나물(삶은 것)	200g
들기름	28g
멥쌀	720g
들기름	21g
소금	5g
물	1L

양념장

간장	33g
다진 파	6g
다진 마늘	6g
고춧가루	3g
참기름	10g

만드는 방법

1 삶은 곤드레나물의 물기를 꼭 눌러 짜 주고 들기름을 넣어 볶는다.

2 쌀을 들기름에 볶다가 소금, 물을 넣고 그 위에 곤드레나물을 얹어 고슬고슬하게 밥을 짓는다.

3 준비된 양념재료를 잘 섞어 양념장을 만든다.

4 곤드레나물과 밥을 버무려 섞어 주고 양념장과 곁들여 먹는다.

• 마른 곤드레나물은 3시간 이상 물에 담가 불려 푹 삶는다.

충무김밥

경상

재 료

밥	600g
참기름	14g
소금	7.5g
무	200g
물오징어(갑오징어)	300g
고운 고춧가루	30g
김	10장

양 념

멸치액젓	20g
설탕	6g
깨소금	4g
참기름	15g
다진 파	20g
다진 마늘	10g
소금	16g

만드는 방법

1 따뜻한 밥에 참기름, 소금으로 밑간을 한다.

2 무는 어슷하게 썰어 소금에 30분간 절인 후 헹구어 물기를 뺀다.

3 물오징어는 끓는 물에 살짝 데쳐서 2×4cm 크기로 썬다.

4 2, 3의 재료에 고춧가루를 넣어 색을 들이고 나머지 양념으로 무친다.

5 김은 3×6cm 크기로 6등분한다.

6 김에 1의 밥을 넣어 말아서 4의 무침을 함께 곁들인다.

• 김은 사용하기 전에 티를 없애고 살짝 구우면 더욱 좋다.

김칫밥 황해

재료

재료		돼지고기 양념		양념장	
쌀	360g	간장	17g	간장	34g
김치	150g	다진 파	3g	물	15g
돼지고기	100g	다진 마늘	3g	다진 파	10g
콩나물	70g	생강즙	1.25g	다진 마늘	2.5g
참기름	28g	깨소금	1g	깨소금	3.5g
		후춧가루	1g	참기름	4.5g
		참기름	5g		

만드는 방법

1 쌀은 깨끗이 씻어 물에 담가 30분 정도 불린다.

2 김치는 소를 떨어 내어 송송 썰고, 돼기고기는 납작하게 썰어 양념에 버무린다.

3 콩나물을 씻어 물기를 제거한다.

4 냄비에 콩나물, 제육, 김치, 쌀 순서로 담고 물을 부어 밥을 한다.

5 넓은 그릇에 3의 밥을 펴서 담고 뜨거울 때 참기름을 부어 고루 버무린 다름 그릇에 담아 낸다.

6 양념장을 만들어 곁들인다.

- 돼지고기 대신 쇠고기를 써도 좋다.
- 콩나물을 넣을 때는 콩나물의 수분이 많으므로 밥물을 적게 넣는다.

전주비빔밥 전라

재 료

쌀	360g	다시마(10cm)	1장	다진 마늘	34g
육수	400g			후춧가루	1g
참기름	조금	**약고추장**		깨소금	5g
콩나물	200g	고추장	65g	참기름	28g
애호박	150g	설탕	4g		
소금	약간	육수	30g	**콩나물맑은국**	
도라지	150g	참기름	12g	콩나물	200g
삶은 고사리	150g			멸치다싯물	6컵
당근	120g	**갖은양념**		다진 파	9g
황포묵	120g	국간장	17g	다진 마늘	10g
쇠고기(우둔살)	120g	다진 파	9g	소금	15g

만드는 방법

1 쌀을 씻어 30분 동안 불린 후 육수를 붓고 고슬고슬하게 밥을 지은 다음, 참기름을 조금 넣고 골고루 섞는다.

2 콩나물은 꼬리를 떼어 내고 삶아서 소금, 파, 마늘, 깨소금, 참기름 넣어 무친다.

3 애호박은 눈썹 모양으로 썰어 소금에 절인 다음 팬에 살짝 볶는다.

4 도라지도 소금에 주물러 헹궈 내어 쓴맛을 없애고 소금과 마늘, 식용유를 넣어 볶는다.

5 삶은 고사리는 양념하여 볶아 준다.

6 당근은 채를 썰고 소금, 참기름을 넣어 볶는다.

7 황포묵은 끓는 물에 데쳐서 소금, 깨소금, 참기름에 무친다.

8 쇠고기는 결대로 썰어 간장, 후춧가루, 참기름, 다진 마늘, 깨소금으로 양념한다.

9 다시마는 식용유에 튀겨 튀각으로 만들다.

10 고추장에 설탕, 육수, 참기름을 약간 넣어 팬에 볶는다.

11 밥을 그릇에 담고 각 재료를 색으로 배치하여 얹고 약고추장과 함께 낸다(밥과 나물을 따로 낼 수도 있다).

12 손질한 콩나물, 다싯물, 파, 마늘, 소금을 넣고, 콩나물맑은국을 끓여 비빔밥과 같이 낸다.

• 약고추장(볶음고추장)에 쇠고기를 넣어도 된다.

경상

헛제사밥(안동헛제사밥)

재 료

쌀	360g	식용유	약간	**시금치 · 콩나물 양념**		참기름	약간
물	470g	달걀	120g(2개)	다진 마늘	2g		
상어(돔배기)	200g	식용유	10g	깨소금	2g	**비빔장**	
간고등어	200g	꼬치	4개	소금	2g	국간장	20g
두부	250g			참기름	2g	참기름	5g
쇠고기	100g	**쇠고기 양념**					
손질한 도라지	50g	진간장	15g	**고사리 양념**		**탕 재료**	
시금치	80g	다진 마늘	6g	다진 마늘	3g	물	600g
콩나물	100g	다진 파	3g	국간장	3g	다시마	5g
삶은 고사리	70g	참기름	5g	참기름	2g	무	100g
무	300g	후춧가루	1g			국간장	22g
동태포	80g			**무 양념**		소금	약간
소금, 후춧가루	약간씩	**도라지 양념**		다진 마늘	3g	두부	50g
밀가루	약간	소금	1g	다진 생강	2g		
달걀	약간	참기름	2g	소금	약간		

만드는 방법

1 쌀은 깨끗이 씻어 30분 정도 불린 후 물을 부어 밥을 고슬고슬하게 짓는다.

2 상어와 간고등어는 씻어서 손질하여 1×0.5×7cm 크기로 썬 후 물기를 뺀다.

3 두부의 반은 1×0.5×7cm로 썰어 2와 함께 꼬치에 끼워 식용유를 두른 팬에 지져 놓고, 나머지는 2×2×0.3cm 크기로 나박썰기한다.

4 쇠고기는 결 방향으로 0.1×0.1×8cm 길이로 곱게 채 썰어 갖은양념으로 밑간을 한다.

5 도라지는 소금으로 비벼 씻어 쓴맛을 빼고 데친 후 양념하여 팬에 식용유를 조금 두르고 볶는다.

6 시금치와 콩나물은 손질하여 각각 끓는 물에 소금을 넣고 데친 후 찬물에 헹구어 물기를 빼고 양념에 무친다. 삶은 고사리는 씻어 7cm 길이로 썰어 물기를 빼고 양념하여 팬에 볶다가 물(1큰술)을 넣고 다시 볶는다.

7 무의 반은 2×2×0.3cm 크기로 나박썰기하여 탕에 이용하고, 나머지는 0.2×0.2×5cm 길이로 채 썰어 소금에 절인 후 물기를 빼고 팬에 식용유를 두르고 양념하여 볶는다.

8 동태포는 소금, 후춧가루로 밑간을 하여 밀가루, 달걀 순으로 옷을 입혀 식용유에 지져 식으면 1×7cm 길이로 썬다.

9 달걀은 황백으로 나누어 지단을 부친다.

10 탕은 냄비에 물을 붓고 다시마는 1.5×1.5cm 크기로 썰고, 나박썰기한 무, 국간장과 소금으로 간을 하여 끓으면 썰어 둔 두부를 넣고 한 번 더 끓인다.

11 그릇에 밥을 담고 그 위에 5, 6, 7, 8, 9, 10, 11을 색 맞추어 담고, 위에 4의 산적고명을 얹는다. 국그릇에는 탕을 담고, 종지에 비빔장을 담아 곁들인다.

백합죽

전라

재 료

백합	400g
불린 쌀	2컵
물	12컵
다시마(10cm)	1장
참기름	14g
소금	7g

만드는 방법

1 백합은 씻어 엷은 소금물에 담근다.

2 쌀은 씻어 물에 불린다.

3 물 12컵과 다시마를 넣고 끓여 다시마 다싯물을 낸다.

4 다시마 다싯물이 끓으면 백합을 넣어 끓인다.

5 불린 쌀을 체에 내린다.

6 냄비에 참기름을 넣고 쌀을 볶는다.

7 볶은 쌀에 백합국물을 6컵 정도 붓고 끓여 쌀알이 고루 퍼질 때 국물을 더 넣어 준다.

8 죽은 가끔씩 저으면서 넣어 은근히 끓이고 백합살과 소금을 넣어 한소끔 끓으면 그릇에 담는다.

전라

오누이죽 (남매죽)

재료

팥	500g
물	1L
밀가루	3컵
물	3/4컵
물	2L
소금	10g

만드는 방법

1 팥은 씻어 팥 2배의 물을 붓고 불에 올려 끓어오르면 처음 삶은 물은 버리고 다시 팥 3배의 물을 붓고 팥이 무르도록 푹 삶는다.

2 밀가루는 물에 소금 간을 하여 반죽하며 말랑해지면 소창으로 덮어 놓는다.

3 도마에 2를 놓고 반죽을 밀대로 밀어서 1mm 두께로 만들고 밀가루를 묻혀 4겹으로 접어서 0.2cm 두께로 썬 다음 밀가루를 털어 내고 접시에 펴 놓는다.

4 1의 삶은 팥이 식은 후 주물러서 체에 내려 팥 껍질과 앙금을 분리하여 껍질은 버린다.

5 냄비에 앙금을 넣고 물을 적당히 부어 끓인 다음 썰어 놓은 3의 칼국수를 넣고 끓이다가 소금 간을 하여 그릇에 담는다.

• 오누이죽은 팥칼국수라고도 한다.

제주

옥돔죽

재료

옥돔	150g
물	8컵
멥쌀	180g
참기름	5g
실파	20g
다진 마늘	6g
소금	5g

만드는 방법

1 옥돔은 물을 부어 푹 끓인 후 머리와 뼈, 가시를 발라 내고 살은 다시 국물에 넣는다.

2 쌀은 씻어서 2시간 이상 물에 불려서 물기를 뺀 후 참기름에 볶는다.

3 실파는 2~3cm 길이로 썰어 놓는다.

4 2의 쌀에 1의 옥돔국물 6컵을 넣고 끓이다가 쌀알이 퍼지면 실파, 다진 마늘을 넣는다.

5 소금으로 간을 한다.

잣죽

서울

재료

불린 쌀	200g
잣	180g
물	1L
소금	5g

만드는 방법

1 불린 쌀은 물 3컵과 함께 곱게 갈아서 고운체에 거른다.

2 잣은 고깔을 떼고 깨끗이 다듬어 씻은 후 물 1 1/2컵과 함께 곱게 갈아서 냄비에 붓고 나머지 물 1 1/2컵과 1의 쌀 갈은 것을 넣어 끓인다.

3 죽이 끓기 시작하면 약한 불로 10분 정도 더 저어 주며 끓여 뜸을 들인 후 소금으로 간을 맞춘다.

충청

호박범벅

재 료

호박(늙은호박 또는 단호박)	1kg
물	2L
동부	30g
팥	30g
찹쌀가루	100g
설탕	50g
소금	15g
밤	30g

만드는 방법

1 호박은 껍질과 씨를 제거하고 같은 크기로 자른다.

2 동부와 팥은 삶아 둔다.

3 냄비에 호박을 넣고 물을 넉넉히 부어 무르게 삶아지면 체에 걸러 낸다.

4 체에 거른 호박을 끓이면서 동부와 팥을 넣고 찹쌀가루를 풀어 서서히 저으면서 죽을 쑨다.

5 밤은 사방 1.5cm 크기로 썰어 동부와 같이 넣어 끓인다.

6 소금과 설탕으로 간을 한다.

흑임자죽 서울

재료

볶은 흑임자	80g
불린 쌀	200g
물	1.4L
소금	5g

만드는 방법

1 볶은 흑임자와 불린 쌀을 따로따로 물 2컵씩을 넣어 곱게 갈아 망체에 거른다.

2 망에 걸러진 덜 갈아진 쌀과 흑임자는 나머지 물을 부어 2~3회 더 갈아 곱게 한다.

3 곱게 간 재료를 냄비에 붓고 나무주걱으로 가끔 저어가며 끓인다.

4 죽이 끓기 시작하면 약한 불로 10분 정도 더 저어 주며 끓여 뜸을 들인 후 소금으로 간을 맞춘다.

경상

따로국밥(대구육개장)

재료

밥	800g	참기름	5g	다진 마늘	5g
쇠고기(양지머리)	600g	굵은 고춧가루	5g	굵은 고춧가루	10g
물	3L	소금	30g	참기름	5g
무	200g			깨소금	5g
삶은 토란대	200g	**무 양념장**		소금	5g
대파	70g	국간장	30g	후춧가루	2g
숙주	300g	다진 파	10g		

만드는 방법

1 밥을 준비한다.

2 쇠고기는 물을 붓고 센 불에서 끓이다가 한소큼 끓으면 중간 불에서 고기가 푹 무르도록 익힌다.

3 무는 큼직하게(3×3×0.5cm) 나박썰기하여 양념장으로 무친 다음 1의 쇠고기와 함께 푹 끓인다.

4 삶은 토란대는 씻어 물기를 제거한 다음 10cm 길이로 자르고 폭이 넓으면 손으로 찢는다.

5 대파는 3~4cm 길이로 썬다.

6 숙주는 다듬어 씻은 후 데쳐 찬물에 헹구어 물기를 꼭 짠다.

7 3의 쇠고기는 건져서 결을 따라 찢거나 썰고 국물에 넣고 한 번 더 끓이다가 4, 5를 넣어 다시 끓인다.

8 참기름에 굵은 고춧가루를 넣어 개고 7의 국물을 조금 넣어 잘 섞는다.

9 7에 8을 넣고 한 번 더 끓여 소금으로 간을 한다.

10 밥과 9의 국을 곁들여 따로 낸다.

• 선지를 넣고 끓이기도 한다.

콩나물국밥 전라

재 료

콩나물	300g	물	1.5L
쌀	400g	쪽파	3뿌리
물	400g	풋고추	30g
국멸치	30g	새우젓	40g
다시마(10cm)	1장	소금	5g

만드는 방법

1 콩나물은 꼬리를 다듬는다.

2 쌀은 씻어 30분간 불린 다음 물을 부어 밥을 고슬고슬하게 짓는다.

3 국멸치는 내장을 떼어 내고 다시마와 같이 물에 우려 7컵 정도의 다싯물을 만들어 낸다.

4 쪽파는 1cm 간격으로 썬다.

5 풋고추는 잘게 송송 썬다.

6 3의 다싯물에 콩나물을 넣고 한소큼 끓인 다음 밥을 넣고 소금 간을 하여 밥이 퍼질 때까지 끓인다.

7 6의 국밥에 마지막으로 새우젓과 쪽파를 넣는다.

8 그릇에 담고 썰어 놓은 풋고추를 고명으로 얹어 낸다.

갱식

경상

재료

밥	400g
배추김치	200g
콩나물	200g
국멸치	50g
다시마	5g
국간장	5g
소금(또는 새우젓)	약간

만드는 방법

1 밥을 준비한다.

2 배추김치는 양념을 털어 내고 0.5cm 폭으로 채 썬다.

3 콩나물은 손질하여 씻어 둔다.

4 국멸치는 내장만 제거하고 다시마와 물 800g을 넣어 함께 끓여서 면포에 걸러 국물을 받아둔다.

5 4의 국물에 2, 3을 넣어 끓이다가 밥을 넣고 한 번 더 끓여 국간장, 소금이나 새우젓으로 기호에 맞게 간을 한다.

떡국

서울

재 료

가래떡	600g
양지머리	300g
물	1.2L
국간장	
소금	
달걀	50g
다진 마늘	5g
대파	1/2대

고기 양념

국간장	10g
다진 마늘	6g
다진 파	6g
참기름	5g
후춧가루	1g

만드는 방법

1 가래떡을 얄팍하게 동전처럼 썬다.

2 양지머리는 핏물을 빼고 대파를 넣고 삶는다.

3 2의 양지머리는 건지고 육수를 식혀서 면포에 밭쳐 기름을 걷어 내고 국간장과 소금으로 간을 맞춘 다음 다진 마늘을 넣고 끓인다.

4 2에서 건진 양지머리는 찢어서 고기양념을 넣어 고루 무치거나 산적을 만든다.

5 달걀은 황백지단으로 부쳐 채 썰고, 대파는 어슷썬다.

6 4의 육수가 끓으면 1의 떡을 넣고 떡이 끓어오르면 대파를 넣어 살짝 끓인다.

7 대접에 떡국을 담고 쇠고기산적과 황백지단을 얹어 낸다.

- 육수는 사골로 내어도 된다.
- 고기산적은 육수 내고 건진 양지머리를 편육으로 만들어 썰어 꼬치에 끼우기도 하고, 자근자근 두드린 고기에 양념을 하고 실파와 번갈아 끼워 만든 꼬치 산적이다.

조랭이떡국

경기

재 료

조랭이떡	500g	미나리	100g	다진 파	6g
양지머리	300g	다진 마늘	6g	참기름	5g
물	1L	대파	1/2대	후춧가루	1g
국간장	16g				
소금	5g	**쇠고기 양념**			
쇠고기	100g	간장	16g		
달걀	1개	다진 마늘	6g		

만드는 방법

1 조랭이떡을 살짝 씻어 둔다.

2 양지머리는 찬물에 담가 핏물을 빼고 대파를 넣고 삶는다.

3 삶아진 양지머리는 건지고 육수는 식혀서 면포에 밭쳐 기름을 걷어 내고 국간장과 소금으로 간을 맞춘다.

4 쇠고기는 다져서 양념하여 볶는다.

5 달걀은 황백지단으로 부쳐 마름모꼴로 썬다.

6 미나리를 줄기만 다듬어 꼬치에 끼워 밀가루, 달걀물에 묻혀 초대를 만든다(또는 골패 모양으로 썬다).

7 간을 맞춘 육수가 끓으면 다진 마늘을 넣고 1의 조랭이떡을 넣어 떠오르면 어슷썬 대파를 넣는다.

8 그릇에 담고 황백지단과 볶은 고기를 고명으로 얹는다.

• 조랭이떡 만드는 법

흰떡을 가늘게 하여 굳기 전에 도마 위에 놓고 나무칼로 비벼서 끊어 누에고치 모양으로 만든다.

평양만둣국

평안

재료

육수		숙주	200g	식용유	1큰술	쇠고기 산적	
쇠고기(양지, 사태)	300g	소금	3g	국간장	1 1/2큰술	쇠고기	120g
닭(1/2마리)	400g	썰은 가래떡	200g	소금	5g	느타리버섯	60g
물	15컵	다진 쇠고기(우둔)	160g	후춧가루	1/4작은술	실파	4줄기
파	50g	소금	5g			간장	17g
마늘	4쪽	다진 파	6g	**만두피**		설탕	10g
생강	2쪽	다진 마늘	6g	밀가루	1 1/2컵	깨소금	3g
		깨소금	5g	소금	3g	참기름	3g
만두소		후춧가루	1g	물	5큰술	다진 파	3g
배추김치	160g	참기름	14g			다진 마늘	2g
두부	160g					후춧가루	1g

만드는 방법

1 육수용 쇠고기는 찬물에 넣어 핏물을 빼고, 닭고기도 깨끗이 손질하여 냄비에 쇠고기와 닭고기, 물, 파, 마늘, 생강을 함께 넣고 끓여서 체에 거르고 기름기를 거두어 육수를 만든다.

2 배추김치는 속을 털어 내고 곱게 다져서 물기를 꼭 짠다. 두부는 면포로 싸서 꼭 짠 다음 곱게 으깬다. 숙주는 깨끗이 씻어 데쳐 0.5cm 길이로 송송 썰어 물기를 꼭 짠다.

3 썰은 가래떡은 물에 불린다.

4 다진 쇠고기와 김치, 두부, 숙주를 모두 합하여 양념으로 양념한다.

5 밀가루에 소금을 넣고 체에 친 후 물을 붓고 반죽하여 30분 정도 젖은 면포에 싸둔다.

6 만두 반죽을 밀어 직경 15cm로 둥글게 빚는다.

7 만두피에 만두소를 넣고 반으로 접어 붙이고 양끝을 서로 맞붙여 둥글게 빚는다.

8 쇠고기는 길이 5cm, 너비 1.5cm로 포를 뜨고, 느타리버섯은 데친 후 물기를 꼭 짠 후 양념에 버무린다. 실파는 4cm 길이로 썬다. 작은 꼬치에 양념한 고기, 실파, 느타리버섯, 고기 순으로 꿰어 달군 팬에서 구워 낸다.

9 냄비에 육수를 붓고 국간장과 소금을 넣어 장국을 만든다. 장국이 끓으면 떡과 만두를 넣고 끓인 뒤 쇠고기산적을 얹어 그릇에 담아 낸다.

• 만두는 터지지 않게 하려면 따로 찐 다음 마지막 끓일 때 넣는다.

재료

밀가루	200g	참기름	2g	**쇠고기 · 표고 양념**		**초간장**	
소금	3g	쇠고기	100g	간장	13g	간장	20g
물	100g	건표고	25g	설탕	6g	식초	10g
애호박	200g	숙주	50g	다진 파	5g	물 또는 육수	10g
소금	약간	소금	약간	다진 마늘	4g	설탕	5g
다진 파	5g	양파	80g	깨소금	3g		
다진 마늘	3g	잣	20g	참기름	3g		
깨소금	2g			후춧가루	1g		

만드는 방법

1 밀가루는 소금물로 반죽해서 물기를 꼭 짠 젖은 행주로 싸서 냉장고에 넣어 둔다.

2 애호박은 2cm 길이로 토막 내 시 부분만 빼고 돌려 깎아 곱게 채 썰어 소금에 살짝 절였다가 꼭 짠 다음 다진 파와 다진 마늘을 넣어 볶으면서 깨소금, 참기름으로 양념한다.

3 쇠고기는 곱게 다져 갖은 양념을 하여 볶는다.

4 표고는 미지근한 물에 부드럽게 불려서 밑동을 떼고 물기를 꼭 짠 뒤 갓이 두툼한 것은 얇게 저며 2cm 길이로 곱게 채 썰어 갖은 양념을 한다.

5 숙주는 끓는 물에 소금을 약간 넣고 데쳐 찬물에 헹궈 물기를 꼭 짠 후 송송 썰어 소금, 참기름으로 양념해 무친다.

6 양파는 굵게 다져 소금에 절인 다음 꼭 짠 후 팬에 볶는다.

7 위에서 준비한 소 재료를 모두 섞어 버무려 만두소를 만든다.

8 반죽해 둔 밀가루를 얇게 민 다음 사방 8~9cm 정도의 정사각형으로 잘라 준비해 둔 7의 소 적당량과 잣 3~4알을 넣고 네 귀를 모아서 가장자리를 잘 눌러 붙인다.

9 찜통에 젖은 면포를 깔고 8의 빚은 편수를 넣고 찐다. 말갛게 익으면 꺼내어 차게 해서 담아 낸다. 초간장을 준비해 곁들여 낸다.

• 편수를 육수에 넣어 먹기도 한다.

경상

건진국수

재 료

밀가루	300g	애호박	50g	다진 마늘	3g
날콩가루	100g	식용유	10g	다진 풋고추	10g
물	150g	소금	약간	홍고추	10g
국멸치	100g	실고추	1g	굵은 고춧가루	10g
다시마	30g			참기름	5g
물	2L	**양념장**		깨소금	5g
국간장	5g	간장	40g		
소금	5g	다진 파	6g		

만드는 방법

1 밀가루와 날콩가루를 함께 넣고 물을 부어 가면서 반죽을 하여 방망이로 밀어 0.3cm 폭으로 가늘게 썰어서 끓는 물에 삶아 건져 찬물에 헹군다.

2 국멸치는 내장만 제거하고 살짝 볶은 다음 다시마, 물과 함께 끓여서 다시국물을 만들어 국간장과 소금으로 색과 간을 맞춘다.

3 애호박은 곱게 채 썰어 팬에 식용유를 두르고 볶으면서 소금 간을 한다.

4 그릇에 국수를 담고 2의 다시국물을 부은 다음 애호박나물, 실고추를 올리고 양념장을 얹는다.

• 밀가루 반죽에 소금을 많이 넣으면 국수가 부드럽지 않다.

떡국 · 만두 · 면류

도토리묵국수 강원

재 료

도토리묵	400g	**고 명**		다진 마늘	6g
다시마(10cm)	1장	쇠고기	80g	참기름	10g
물	800g	오이	60g	고춧가루	3g
배추김치(줄기)	120g	당근	20g	설탕	6g
무	150g	배	40g	깨소금	3g
소금	2.5g			소금	5g
설탕	5g	**양념장**			
식초	5g	간장	60g		
풋고추	30g	다시마육수	45g		

만드는 방법

1 도토리묵은 10cm 길이로 가늘게 채 썬다.

2 다시마 다싯물은 5컵을 붓고 2분 이내로 끓여 체에 내린다.

3 배추김치는 한 번 씻어주고 꼭 짜서 줄기만 채 썬다.

4 무는 1×5×0.1cm로 썰어서 소금, 설탕, 식초와 함께 섞어 무초김치를 만든다.

5 도토리묵을 그릇에 담고 그 위에 부재료를 얹어 다싯물 1컵씩 부어 준다.

6 쇠고기는 채 썰어 간장, 설탕, 후춧가루, 파, 마늘, 참기름 넣어 양념하여 볶는다.

7 오이, 당근, 배는 0.1×5cm 채 썰어 고명으로 놓는다.

8 양념장은 모든 재료를 고루 섞어 만들어 곁들어 낸다.

• 풋고추 대신 청양고추를 쓸 수 있다.

도토리묵 쑤기 * * *

재 료

도토리가루 1컵, 물 6컵, 소금 5g

만드는 방법

1. 도토리가루에 물을 부어 개어 놓는다.
2. 개어 놓은 것을 고운체로 걸러 내린다.
3. 풀어 둔 도토리액을 두꺼운 냄비에 담고 불에 올려 잘 저어주며 굳힌다.
4. 되직하게 쑤어지면 소금을 넣고 뜸이 들도록 은근히 끓인다.
5. 그릇에 쏟아 내어 식혀 놓고 먹기 좋은 크기로 썰어 낸다.

메밀막국수

강원

재 료

진 메밀국수	600g	오이	100g	소금	2.5g
쇠고기(양지머리)	200g	소금		식초	25g
무	200g			설탕	12g
물	1.2L	**양념장**		부추	50g
소금	2.5g	국간장	50g	다진 마늘	17g
설탕	5g	육수	100g		
식초	5g	고춧가루	8g		

만드는 방법

1 진 메밀국수는 끓는 물에 6분 정도 삶아 찬물에 헹군 다음 1인분씩 사리지어 소쿠리에 담는다.

2 쇠고기는 무와 같이 끓여 내어 육수 1L를 만든다.

3 무는 1×6×0.1cm로 썰어 소금, 설탕, 식초를 넣고 무초김치를 담근다.

4 오이는 반으로 잘라 6cm 간격으로 어슷 썰어 소금에 절이고 꼭 짜 놓는다.

5 양념 재료를 잘 섞어 양념장을 만든다.

6 그릇에 메밀국수를 담고 무김치, 오이, 쇠고기를 고명으로 얹고 육수를 1컵 정도 부어 양념장과 곁들여 낸다.

비빔국수 서울

재 료

쇠고기(우둔살)	100g	소금	5g	대파	30g
건표고	2장	참기름	28g	마늘	2쪽
오이	100g	설탕	6g	깨소금	1g
소금	15g	간장	5g	참기름	5g
달걀	1개	실고추	약간	후춧가루	2g
석이	1장				
소금	2g	**쇠고기 · 표고 양념**			
참기름	2g	간장	17g		
마른국수	240g	설탕	6g		

만드는 방법

1 쇠고기는 6cm 길이로 곱게 채 썰어 양념한다.

2 표고도 따뜻한 물에 불려 포를 떠서 쇠고기 크기로 채 썰어 양념한다.

3 오이는 소금으로 문질러 씻어 5cm 길이로 돌려깎기하여 채 썰어 약간의 소금에 절인다.

4 달걀은 황백을 분리하여 각각 지단으로 부쳐 4cm 길이로 채 썬다.

5 석이는 뜨거운 물에 불려서 이끼를 제거한 후 곱게 채 썰고 소금과 참기름으로 무쳐서 볶아 둔다.

6 팬에 기름을 두르고 오이, 표고, 쇠고기순서로 각각 볶아 내어 식힌다.

7 국수를 삶아 찬물에 헹궈 물기를 빼고 참기름, 설탕, 간장으로 밑간을 한 후 오이, 쇠고기, 표고를 넣고 살살 비벼 그릇에 담아 황백지단, 석이채, 실고추를 고명으로 얹는다.

제물칼국수 경상

재료

밀가루	300g	실고추	1g	**양념장**	
날콩가루	100g			간장	40g
물	150g	**닭고기 양념**		다진 파	6g
닭	800g	소금	3g	다진 마늘	3g
물	1.2L	다진 파	6g	다진 청고추	10g
소금	약간	다진 마늘	3g	홍고추	10g
달걀	120g	후춧가루	1g	굵은 고춧가루	10g
애호박	100g	참기름	7g	참기름	5g
얼갈이배추	100g	깨소금	4g	깨소금	5g

만드는 방법

1 밀가루와 콩가루를 함께 넣고 물을 부어 가면서 반죽을 해둔다.

2 닭은 손질하여 물에 넣고 삶아서 국물은 식혀 면포를 깔고 밭쳐서 기름기를 걷어 내고 소금으로 간을 맞추고 고기는 찢어서 밑양념을 한다.

3 애호박은 채 썰고, 얼갈이배추는 손으로 한 입 크기로 뜯어 둔다.

4 1의 반죽은 밀가루를 뿌려 가면서 방망이로 밀어 가늘게 썰어 둔다.

5 냄비에 2의 닭육수를 부어 팔팔 끓으면 4를 넣고 다시 끓이면서 국수가 익으면 애호박, 얼갈이배추를 넣어 삶는다.

6 그릇에 5를 담고 양념장을 곁들인다.

• 삶은 닭고기는 손으로 찢어서 고명으로 사용하거나 함께 먹는다.

떡국 · 만두 · 면류

평안

냉 면

재료

냉면용 메밀국수(건냉면)	400g	**육 수**		동치미국물	800g
동치미무	200g	쇠고기(양지머리)	300g	소금	12g
오이	100g	물	1.5L	국간장	10g
소금	1g	대파	1대	식초	30g
식용유	약간	마늘	20g		
배	300g	홍고추	10g	**겨자집**	
삶은 달걀	2개	통후추	5g	겨자	10g
식초	40g			육수	50g
소금	16g	**냉면 장국**			
설탕	30g	육수	800g		

만드는 방법

1 쇠고기는 물에 30분 정도 담가 핏물을 뺀다.

2 쇠고기를 덩어리째 씻어서 끓는 물에 파, 마늘, 홍고추, 통후추를 함께 넣어 끓인다. 고기가 무르게 삶아지면 건져서 젖은 행주에 싸서 눌러 편육으로 하고, 육수는 기름을 걷어 내고 차게 식힌다.

3 동치미무를 반달형 또는 길쭉하고 얇게 썬다. 오이를 반으로 갈라 어슷하고 얇게 썰어 소금에 절였다가 식용유에 살짝 볶는다.

4 배는 껍질을 벗겨서 납작하게 썬다. 달걀은 노른자가 중심에 가도록 삶아서 반으로 가른다. 눌러 놓은 편육을 얇게 썬다.

5 차가운 육수와 동치미국물을 합한 다음 식초, 소금, 설탕으로 간을 맞춘다.

6 꾸미와 장국 준비가 다 되면 물을 넉넉히 끓여서 냉면 국수를 헤쳐 넣어 심이 약간 남을 정도로 잠깐 삶아 찬물에 여러 번 헹군다. 1인분씩 사리를 지어 채반에 건져 놓는다.

7 대접에 냉면 사리를 담고 위에 편육 등 꾸미를 고루 얹은 다음 장국을 옆에서 살며시 부어 상에 낸다. 따로 매운 맛을 낸 겨자집과 식초 등을 곁들여 낸다.

• 겨자집 만드는 법

겨자가루는 미지근한 물에 뒤집어 떨어지지 않을 정도로 되직하게 섞은 후 김이 오른 냄비 뚜껑 위에 엎어 놓고 15분 정도 익힌 다음 냉수를 부어 20분 정도 떫은 맛을 우려 낸 후 물기를 버리고 육수를 섞어 개어 놓는다.

회냉면 함경

재료

홍어(가자미)	150g	오이	1개	다진 마늘	17g
식초	200g	소금	5g	깨소금	8g
쇠고기(양지머리)	150g	녹말국수	400g	참기름	21g
파	1/2대			고춧가루	45g
마늘	3쪽	**양 념**		소금	1작은술
동치미무	1/4개	국간장	25g	육수	100g
배	1/2개	다진 파	9g		

만드는 방법

1 홍어는 껍질을 벗겨 결 반대로 5×1cm 정도로 썰고 식초에 버무려 30분간 재어 둔다.

2 양지머리는 물이 끓으면 파, 마늘을 넣고 삶아 내어 면포에 싸서 무거울 것으로 눌러 식힌 후 얇게 썰어 편육을 만든다.

3 무와 배는 굵고 납작하게 채 썰고, 오이는 길이로 반을 갈라 어슷하게 썰어 소금에 절였다가 물기를 짜 둔다.

4 1의 홍어는 행주에 물기를 꼭 짜서 회 양념으로 버무려 홍어회를 만든다.

5 국수는 끓는 물에 넣어 재빨리 삶아 내고 찬물에서 여러 번 헹구어 사리를 지어 놓는다.

6 대접에 냉면사리를 담고 위에 회나 다른 재료를 옆옆이 얹고 먹을 때 회를 국수에 비벼서 먹는다.

6장 찬류

낙지연포탕

전라

재 료

낙지	1kg
소금	10g
백합조개	200g
두부	100g
생표고	50g
대파	1대
풋 · 홍고추	각 1개씩
다시마(10cm)	1장
물	400g
소금	7g

만드는 방법

1 낙지는 상처 없이 머릿속의 내장과 먹통을 꺼내어 떼어 내고 소금으로 박박 주물러 깨끗이 씻는다.

2 백합은 소금물에 잠시 담가 해감시킨다.

3 두부는 3×3×2cm로 썰고, 생표고는 편으로 저며 썬다.

4 대파와 풋 · 홍고추는 풋고추와 홍고추도 어슷썬다.

5 다시마는 물 2컵에 넣고 우려 내여 다싯물을 만든다.

6 냄비에 다싯물을 넣고 끓으면 백합을 넣고 낙지, 표고, 두부 순으로 넣으면서 소금, 풋고추, 대파를 넣는다.

되비지탕

황해

재료

콩(대두)	160g
물	200g
배추시래기	100g
돼지갈비	200g
식용유	11g
새우젓	1큰술

양념장

간장	33g
다진 파	3g
다진 마늘	6g
참기름	5g
깨소금	2g
고춧가루	3g

만드는 방법

1 콩을 깨끗이 씻어서 불려 껍질을 제거한 후 핸드 블랜더에 콩과 같은 양의 물을 붓고 곱게 갈아 비지를 만든다.

2 배추시래기는 끓는 물에 데쳐 내어 송송 썬다.

3 돼지갈비는 토막을 내어 물에 담가 핏물을 뺀 다음 살짝 데쳐 내고, 삶은 국물은 기름기를 제거해 둔다.

4 냄비에 식용유를 두르고 시래기를 넣고 볶는다. 삶아 낸 돼지갈비와 1의 비지를 넣는다.

5 3의 육수 1.5컵을 붓고 약한 불로 은근히 끓이다가 다 끓으면 새우젓으로 간을 맞춘다.

6 양념장을 곁들여 낸다.

머위깨탕

제주

재료	
머위대	400g
소금	15g
건새우	60g
다시마 다싯물	3컵
생들깨	80g
소금	5g

만드는 방법

1 머위대는 끓는 물에 소금을 넣고 삶아 냉수에 헹군 후 껍질을 벗긴 다음 물에 담가 놓는다.

2 건새우는 다듬어 씻어 놓고 다시마와 같이 물 4컵을 붓고 끓인다.

3 통들깨는 씻어서 물 1/2컵을 붓고 믹서에 갈아서 고운체에 내린다.

4 머위대는 5cm 간격으로 썰고 다싯물에 소금을 넣고 끓인다.

5 머위탕이 끓으면 완성되기 직전에 3의 들깨즙을 넣어 준다.

갈칫국

제주

재료

갈치	300g
늙은호박	100g
어린배추	50g
풋 · 홍고추	각 10g
대파	20g
물	1.2L
다진 마늘	10g
국간장	34g

만드는 방법

1 갈치는 은비늘이 붙은 상태에서 지느러미와 내장을 제거하고 7cm 정도 길이로 토막 낸다.

2 늙은호박은 껍질을 벗겨 씨를 긁어 낸 다음 도톰하게 썰고, 배추는 깨끗이 씻은 다음 4cm 길이로 썬다.

3 풋 · 홍고추, 대파는 어슷썬다.

4 냄비에 물을 넣고 끓으면 토막 낸 갈치를 넣어 한소끔 끓인 후 호박, 배추를 넣어 다시 끓인다.

5 풋 · 홍고추, 대파, 다진 마늘을 넣고 국간장으로 간을 한다.

탕 · 찌개 · 전골류

들깨미역국

경상

재료

불린 미역	300g
들깨	70g
불린 쌀	30g
쌀뜨물	1000g
국간장	25g

만드는 방법

1 미역은 씻어 물기를 빼고 5~6cm 길이로 자른다.

2 들깨와 불린 쌀은 쌀뜨물 200g을 넣고 분쇄기에 갈아 체에 거른다.

3 냄비에 남은 쌀뜨물을 붓고 1을 넣어 끓이다가 끓어 오르면 2의 국물만 넣고 끓인다. 국간장으로 간을 하여 한 번 더 끓인다.

4 3이 한소끔 끓으면 2의 건더기를 넣고 한 번 더 끓여 국간장으로 간을 한다.

• 쌀은 사용하지 않고 들깻가루를 넣어 끓여도 좋다.

충청

올갱이해장국 (다슬기)

재료

올갱이	200g
물	1L
청양고추	10g
아욱	100g
된장	34g

만드는 방법

1 올갱이는 물을 붓고 삶은 후 건져서 껍질을 제거하고 국물을 고운체에 걸러 둔다.

2 청양고추는 씨를 제거하고 송송 썬다.

3 아욱을 손으로 치대어 초록색 물이 나오지 않을 때까지 씻는다.

4 1의 국물에 된장을 풀어 넣고 다시 끓인다.

5 국물이 끓으면 아욱을 먼저 넣고 올갱이 살과 청양고추를 넣고 불을 끈다.

육개장

서울

재료

양지머리	300g
물	1.8L
숙주	50g
대파	150g
삶은 고사리	100g
삶은 머위대	100g

양 념

다진 마늘	30g
고춧가루	24g
국간장	50g
참기름	28g
깨소금	10g
후춧가루	2g

만드는 방법

1 분량의 물에 핏물을 뺀 양지머리를 넣고 2시간 정도 푹 끓여 고기가 부드럽게 익고 육수가 맛있게 우러나도록 끓인다.

2 삶은 고기는 한 입 크기로 찢어 분량의 양념을 반만 넣어 무쳐 두고, 육수는 망체에 깨끗이 걸러 둔다.

3 숙주는 깨끗이 씻어 끓는 물에 데치고, 대파는 5cm 길이로 썰어 살짝 데친다.

4 삶은 고사리와 머위대는 5cm 길이로 썰어 1의 양념한 고기, 숙주, 대파와 함께 섞어 나머지 양념을 다 넣고 간이 배도록 무친다.

5 깨끗이 걸러 둔 육수에 3의 무친 재료를 넣어 푹 끓이고 간을 맞춘다.

• 고춧가루 대신 고추기름으로 1/2분량 바꿔 넣어도 된다. 고추기름은 식용유 1컵에 고춧가루 1/2컵을 섞어 약한 불로 끓여 고춧가루의 색이 갈색으로 변하면 고운체에 걸러 사용하면 된다.

재첩국

경상

재료

재첩	100g
3~4% 소금물	500g
물	1L
부추	50g
다진 마늘	5g
소금	5g

탕 · 찌개 · 전골류

만드는 방법

1 재첩을 소금물에 담가 해감시킨 후 바락바락 문질러 깨끗이 씻는다.

2 찬 물에 재첩을 넣고 센 불에서 끓이다가 끓기 시작하면 찬 물을 1/2컵 정도 더 넣고 다시 끓인다. 끓일 때 생기는 거품은 걷어 낸다.

3 재첩은 건져서 헹구어 살을 발래 내고, 국물은 면포에 거른다.

4 부추는 손질하여 씻은 후 5cm 길이로 썬다.

5 3의 국물이 끓으면 씻어 둔 재첩, 부추, 다진 마늘을 넣고 소금으로 간을 한다.

각색전골 서울

재료

쇠고기(우둔살)	300g	목이	10g	국간장	33g	깨소금	5g
흰살생선(동태)	300g	달걀	100g	후춧가루	1g	후춧가루	2g
소금	5g	미나리	100g			생강즙	3g
후춧가루	1g	당근	100g	**쇠고기 양념**			
밀가루	50g	두부	70g	간장	35g	**버섯 양념**	
달걀	100g	잣	10g	설탕	15g	소금	약간
표고	15g	양지머리 국물	800g	다진 마늘	15g	후춧가루	약간
참기름	약간	설탕	6g	다진 파	20g	참기름	3g
느타리버섯	100g	소금	2g	참기름	25g		

만드는 방법

1 쇠고기는 50g 정도만 곱게 다지고 나머지는 굵게 채 썰어 각각 쇠고기 양념한다.

2 동태는 포를 떠서 소금과 후춧가루로 밑간한 뒤에 밀가루를 묻히고 달걀옷을 입혀 전을 부친다.

3 표고는 미지근한 물에 담가 불려 기둥을 자르고 0.7~1cm로 썰어 참기름에 살짝 볶는다.

4 느타리버섯은 살짝 데친 후 뿌리 부분을 깨끗이 다듬어 씻은 다음 꼭 짜서 찢어 살짝 볶아 양념한다.

5 목이도 물에 불려 씻은 후 꼭 짜서 볶아 양념한다.

6 달걀은 황백지단을 부쳐 당근과 같은 크기로 썬다.

7 미나리는 줄기만 다듬어 초대를 부치고 전골 크기에 맞추어 썬다.

8 당근은 미나리초대와 같은 크기로 썰어 소금물에 살짝 데친다.

9 두부는 물기를 꼭 짜서 으깨어 소금, 후추, 참기름으로 양념하고 1에 다져둔 쇠고기도 양념하여 함께 섞어 완자를 만든다.

10 잣은 고깔을 떼고 마른 행주로 닦아 다진다.

11 양지머리 국물에 소금, 설탕, 국간장을 약간 넣어 간을 맞춘다.

12 준비한 재료를 전골틀에 보기 좋게 돌려 담고 잣가루를 뿌린 뒤 간을 한 양지머리 국물을 가장자리부터 부어 끓여 준다.

• 잣가루 만드는 법

잣은 고깔을 떼고 마른 행주로 닦아서 흰 종이(한지 등)를 깐 도마 위에 올려 놓고 칼날로 곱게 다지거나 치즈 그라인더를 이용하여 가루를 낸다.

어복쟁반

평안

재료

소 도가니	600g	파	1대	식용유	약간
파	2대	마늘	30g	메밀국수	200g
마늘	30g	생강	15g		
생강	15g	느타리버섯	120g	**양념장**	
쇠고기(양지머리)	300g	파	20g	간장	50g
우설	200g	마늘	10g	물	20g
파	1대	달걀	100g	설탕	4g
마늘	30g	배	300g	실파	1뿌리
생강	15g	쑥갓	50g		
유통살	200g	은행	24알		

만드는 방법

1 소 도가니를 토막 내어 물을 넉넉히 붓고 파, 마늘, 생강을 넣어 끓이다가 양지머리를 넣고 삶아서 편육과 육수를 만든다.

2 우설은 끓는 물에 살짝 데쳤다가 꺼내 흰 막을 벗기고, 끓는 물에 파, 마늘, 생강을 넣고 삶아 편육으로 썬다.

3 유통살도 끓는 물에 파, 마늘, 생강을 넣어 삶아 속까지 익으면 꺼내어 식힌 후 얇게 편육으로 썬다.

4 생느타리버섯은 끓는 물에 넣어 데쳐 낸 다음 굵게 찢어 다진 파, 다진 마늘로 양념한다.

5 달걀을 삶아 껍질을 벗기고 4등분하여 잘라 둔다.

6 배는 얇게 편으로 썰고, 쑥갓은 흐르는 물에 씻어 물기를 빼둔다.

7 은행은 팬에 볶아 낸 후 종이타월에 쏟아 살살 비벼 껍질을 벗겨 낸다.

8 메밀국수는 삶아 찬물에 헹구어 사리를 만들어 놓는다.

9 양념장을 만든다.

10 큼직한 쟁반에 편육, 버섯, 배, 달걀을 돌려 담고 가운데 간장 그릇을 놓은 다음 간을 맞춘 육수를 붓고 불 위에 얹어 끓인다.

- 어복쟁반 속에 때에 따라 만두나 여러 가지 전을 넣어 끓이기도 한다.
- 양념장을 뿌려 먹기도 한다.

개성무찜

경기

재 료

무	500g	물	400g	다진 마늘	17g
돼지고기(볼깃살)	150g	소금	5g	설탕	12g
은행	10알			후춧가루	1g
깐 밤	150g	**돼지고기 양념**		참기름	14g
대추	50g	간장	50g	깨소금	5g
잣	5g	다진 파	28g	생강즙	10g

만드는 방법

1 무는 0.5×5cm 크기로 채 썬다.

2 돼지고기는 얄팍하게 썰어 양념하여 둔다.

3 은행은 파랗게 볶아 속껍질을 벗겨 둔다.

4 깐 밤은 2~3등분하여 썰어 두고, 잣은 고깔을 떼고 닦아 둔다.

5 냄비에 양념한 돼지고기를 넣고 볶다가 채 썬 무를 얹고 은행, 밤, 대추, 잣을 올린 후 물을 자작하게 붓고 재료가 잘 어우러지게 끓여 부드럽게 찜이 되면 소금으로 부족한 간을 하고 그릇에 색스럽게 담는다.

떡찜

서울

재료

재료		우둔살 양념		사태 양념	
가래떡	600g	간장	8g	간장	16g
쇠고기(우둔살)	200g	다진 마늘	8g	다진 마늘	3g
쇠고기(사태)	200g	다진 파	4g	다진 파	2g
당근	60g	설탕	4g	설탕	4g
양파	60g	참기름	7g	참기름	5g
표고	15g	깨소금	2g	깨소금	1g
미나리	100g	후춧가루	1g	후춧가루	1g
달걀	1개				
은행	20알				
육수	2~3컵				

만드는 방법

1 가래떡은 6~7cm 길이로 썰어 가운데에 칼집을 넣고 서로 통하도록 한다.

2 쇠고기는 핏물을 닦고 곱게 다져 양념하여 살짝 볶는다.

3 사태는 물에 30분 정도 담가 핏물을 빼고 삶는다.

4 당근, 양파, 표고는 손질하여 골패 모양으로 썬다.

5 미나리는 몇 줄기만 살짝 데치고 나머지는 4cm 길이로 썬다.

6 달걀은 황백지단으로 부쳐 마름모꼴로 썰고, 은행은 데쳐서 속껍질을 벗긴다.

7 1의 칼집 낸 가래떡 사이에 2의 쇠고기 소를 넣고 데친 미나리로 묶는다.

8 3의 사태는 나붓나붓 썰어 양념한다.

9 찜그릇에 4와 8을 넣고 그 위에 소를 넣은 가래떡과 은행을 넣고 육수를 자작하게 부어 끓인다.

10 9의 가래떡에 간이 배어서 거의 다 되었을 때 미나리와 황백지단을 얹는다.

아귀미더덕찜 경상

재 료

아귀	400g	찹쌀가루	60g	후춧가루	1g
미더덕	150g	물	50g		
소금물	2컵	다진 마늘	20g	**소금물**	
콩나물	100g	생강즙	5g	물	2컵
미나리	50g	고춧가루	30g	소금	2작은술
대파	40g	소금	10g		

만드는 방법

1 아귀는 큼직하게 토막 내어 소금물에 흔들어 씻은 다음 데쳐 낸다.

2 미더덕은 옅은 소금물에 흔들어 씻은 다음 물기를 뺀다.

3 콩나물은 거두절미하여 씻은 후 김이 오른 찜통에 넣어 5분 정도 찐다.

4 미나리는 잎을 뜯어 내고 줄기만 손질하여 4cm 길이로 썬다.

5 대파는 어슷썬다.

6 찹쌀가루에 물을 넣어 섞어 둔다.

7 냄비에 붓고 다진 마늘, 생강즙, 고춧가루를 넣고 끓인다.

8 7이 끓으면 1의 아귀와 2의 미더덕을 넣고 10분 정도 끓인 다음 콩나물과 대파를 넣는다.

9 한 번 끓으면 물에 푼 6의 찹쌀가루를 넣어 국물이 걸쭉해지면 소금과 후춧가루로 간하고, 4의 미나리를 넣어 섞는다.

• 아귀는 꾸덕꾸덕 말려서 해도 좋고, 콩나물 익힌 물에 찹쌀가루를 풀고 아귀를 데쳐도 좋다.

• 양념장도 미리 만들어 하루 정도 숙성시키는 것이 좋다.

찜 · 선류

닭섭산적

함경

재 료

닭가슴살(안심살)	200g	**양 념**		생강즙	3g
두부	20g	간장	17g	다진 마늘	6g
식용유	10g	소금	2g	깨소금	2g
잣가루	7g	설탕	6g	참기름	5g
		다진 파	3g		

만드는 방법

1 닭가슴살을 곱게 다진다.

2 두부는 행주로 싸서 물기를 제거하고 칼을 눕혀 곱게 으깬다.

3 1과 2를 합하여 양념을 한 후 끈기가 날 때까지 고루 잘 섞는다.

4 은박지에 식용유를 바른 다음 3을 얹어 두께 1cm 정도로 네모지게 만들어 윗면을 칼등으로 자근자근 두들긴다.

5 석쇠에 얹어서 고기가 익도록 가끔 자리를 움직이면서 굽는다.

6 익으면 식힌 후 썰어서 잣가루를 뿌려 준다.

행 적

경상

재 료

묵은 배추김치	200g	깨소금	2g	**돼지고기 양념**	
참기름	5g	당근	50g	진간장	15g
돼지고기	100g	도라지	50g	설탕	6g
실파	50g	소금	10g	다진 마늘	6g
소금	2g	참기름	5g	다진 파	3g
참기름	5g	밀가루	50g	생강즙	2g
고사리	50g	달걀	150g	참기름	5g
국간장	5g	식용유	30g	후춧가루	1g
참기름	5g	꼬치	10개		

만드는 방법

1 배추김치는 속을 털어 낸 다음 씻어서 물기를 거두고 길이를 반으로 잘라 1×7cm 폭으로 썰어 참기름으로 무친다.

2 돼지고기는 1×8cm 폭으로 썰어 밑양념을 한다.

3 실파는 다듬어 손질하여 7cm 길이로 썰어 소금, 참기름으로 무쳐 양념한다.

4 고사리는 질긴 부분을 손질하고 7cm 길이로 썰어서 국간장, 참기름, 깨소금으로 무쳐 양념한다.

5 당근은 껍질을 벗기고 1×0.5×7cm 폭으로 썬 다음 데쳐 내어 소금, 참기름으로 무친다.

6 도라지는 소금을 약간 넣은 끓는 물에 데쳐 1×0.5×7cm 폭으로 썰어 소금, 참기름으로 무친다.

7 꼬치에 김치, 돼지고기, 실파, 고사리, 당근, 도라지 순으로 끼운다.

8 7의 꼬치에 밀가루를 골고루 묻힌 다음 달걀 푼 것에 담갔다가 달구어진 팬에 식용유를 두르고 약불에서 지진다.

제주

돼지고기 산적

재료

돼지고기	600g
소금	7g
된장	17g
식용유	50mL

돼지고기 양념

다진 파	18g
다진 마늘	17g
소금	10g
깨소금	4g
참기름	14g

만드는 방법

1 돼지고기는 찬물에 넣고 소금과 된장을 넣어 삶는다.

2 삶은 돼지고기는 7×1.5cm 크기로 썰어 양념한다.

3 꼬치에 2의 양념한 돼지고기를 7개 정도 끼워 식용유를 두른 팬에 노릇하게 지져 낸다.

• 제주도에서는 산적 외에도 구이, 찜 등 돼지고기 요리가 다양하다.

강원

감자전

재료

감자	1kg
소금	7g
풋고추	30g
당근	30g
쪽파	5뿌리
식용유	48g

만드는 방법

1 감자의 껍질을 벗기고 강판에 간 다음 체에 밭쳐 갈면서 생긴 물을 따라 내고 소금으로 간한다.

2 풋고추 · 당근은 채 썰고, 쪽파는 다듬어 씻어 3cm 길이로 썬다.

3 분량의 양념장을 만든다.

4 식용유를 두른 달군 팬에 1의 감자반죽을 1국자씩 떠 넣어 풋고추, 당근, 쪽파를 얹고 지진다.

• 초간장이나 양념장을 곁들이면 더욱 좋다.

구이 · 적 · 전류

고기전

황해

재료

쇠고기(채끝살)	300g
밀가루	30g
달걀	100g
식용유	28g

쇠고기 양념

간장	17g
설탕	5g
다진 파	9g
다진 마늘	6g
참기름	5g
후춧가루	약간
깨소금	2g

만드는 방법

1 쇠고기는 0.5cm 두께로 포를 떠서 잔 칼집을 넣어 준비한다.

2 양념은 분량대로 섞어 만든다.

3 쇠고기에 양념을 버무려서 20분 정도 재어 놓는다.

4 양념한 쇠고기를 밀가루, 달걀을 씌워 팬에 식용유를 두르고 앞뒤로 지져 낸다.

고사리전

제주

재 료

삶은 고사리	100g
소금	5g
실파	100g
식용유	50mL
달걀	250g

만드는 방법

1 삶은 고사리는 소금으로 간을 하고, 실파는 10cm 길이로 썰어 둔다.

2 달군 팬에 식용유를 두르고 풀어 놓은 달걀을 10cm 정사각형으로 부어 그 위에 고사리와 실파를 얹고 다시 달걀을 씌워 약한 불에서 노릇하게 지져 낸다.

• 제주도의 고사리는 품질이 좋아 나물로 무쳐 먹어도 일품이다.

구이 · 적 · 전류

경상

고추장떡

재료

된장	10g
물	200g
홍고추	20g
부추	40g
밀가루	110g
고추장	10g
식용유	20g

만드는 방법

1 된장과 물을 섞어 체에 거른다.

2 홍고추는 둥근 모양으로 얇게 썰어 물에 담가 씨를 빼고 건져 둔다.

3 부추는 손질하여 씻어서 물기를 빼고 1cm 길이로 썬다.

4 밀가루에 1 · 2 · 3과 고추장을 넣고 잘 섞어 반죽한다.

5 달궈진 팬에 식용유를 두르고 지름이 6cm 정도 되도록 지져 낸다.

경상

동래파전

재료

실파(또는 움파)	100g
조갯살	50g
물	2컵
소금	1작은술
찹쌀가루	80g
밀가루	50g
달걀	100g
물	100g
식용유	30g

만드는 방법

1 실파는 다듬어 씻어서 물기 빼고 길이로 이등분한다.

2 조갯살은 소금물에 흔들어 씻어 건져 물기를 빼 둔다.

3 찹쌀가루, 밀가루, 달걀, 물을 섞어 걸쭉한 반죽을 만들어 둔다.

4 팬을 달구어 식용유를 두르고 3의 반죽을 한 국자 펴고 그 위에 실파를 가지런히 얹은 다음 조갯살을 놓고 다시 반죽을 올린다.

5 밑이 노릇하게 지져지면 중불에서 한 번 뒤집어 익혀 낸다.

• 찹쌀가루와 밀가루를 함께 사용하면 좀 더 바삭한 맛을 낼 수 있다.

평안

빈자병(녹두전)

재료

깐 녹두	350g
돼지고기	100g
배추김치	100g
참기름	6g
파	1뿌리
삶은 고사리	100g
풋 · 홍고추	각 2개
소금	10g
식용유	70g

돼지고기 양념

간장	5g
다진 파	3g
다진 마늘	3g
참기름	1g
깨소금	1g

고사리 양념

다진 파	3g
다진 마늘	3g
간장	3g
후춧가루	1g
깨소금	2g
참기름	5g

만드는 방법

1 깐 녹두는 깨끗이 씻은 후 미지근한 물에 2~3시간 담가 충분히 불려서 깨끗하게 거피한다.

2 돼지고기는 비계를 제거하여 납작하게 썰어서 양념한다.

3 배추김치는 속을 털어 내고 잘게 썬 다음 참기름에 무치고, 파는 채 썬다.

4 삶은 고사리는 딱딱한 부분을 제거하고 3cm 길이로 썬 후 양념한다.

5 대파는 어슷썰고, 풋 · 홍고추도 어슷썰어 고추씨를 털어 낸다.

6 거피한 녹두에 물 1컵 정도를 붓고 핸드 블랜더에 곱게 간다.

7 2, 3, 4를 합하여 소금으로 간을 맞춘 다음 뜨겁게 달군 팬에 식용유를 두르고 한 국자씩 떠 넣은 후 둥글게 편다.

8 썰어 놓은 파와 고추를 얹어 가며 앞뒤를 노릇노릇하게 지져 낸다.

재료

쇠고기(우둔살)	1.8kg	배즙	100g
		꿀	260g
양념장		생강즙	30g
간장	345g	후춧가루	6g
설탕물	100g		

만드는 방법

1 쇠고기는 기름기가 없는 우둔살을 고기 결을 살려 0.4cm 두께로 넓게 포를 떠서 기름과 힘줄을 말끔히 발라 낸다.

2 설탕과 물을 동량으로 섞어 끓여 식혀 설탕물을 만들어 둔다.

3 배는 갈아서 꼭 짜 건더기는 버리고 즙만 준비해 간장, 꿀, 설탕물, 생강즙, 후춧가루를 넣고 고루 섞어 양념장을 만든다.

4 손질한 고기를 한 장씩 양념장에 담가 앞뒤를 고루 적신 뒤 남은 양념장에 고기를 모두 넣고 고루 주물러 간이 충분히 배게 한다.

5 양념한 고기를 채반에 겹치지 않게 펴서 통풍이 잘 되는 곳에서 말린다.

6 고기가 바싹 마르기 전에 걷어 들여 평평한 곳에 한지를 깔고 꾸덕해진 육포의 끝을 잘 펴고 차곡차곡 싸서 도마 등 무거운 것으로 눌러 두어 판판하게 한 후 다시 한 장씩 채반에 펴서 말린다.

7 말린 육포는 진공포장이나 랩으로 싸서 냉동고에 넣어 보관한다.

• 먹을 때는 육포의 양면을 참기름을 고루 발라 석쇠에 얹어 앞뒤를 살짝 구운 후 먹기에 적당한 크기로 잘라 담아 낸다. 이때 한쪽 끝에 꿀을 조금 바르고 잣가루를 묻혀 내면 더욱 좋다.

• 우둔살 대신 홍두깨살을 이용해도 좋다.

전복초

서울

재료

전복	400g(4개)
잣가루	5g

조림장

간장	25.5g
설탕	21g
다진 파	5g
다진 마늘	8g)
후춧가루	1g
참기름	14g
전복 데친 물	30g
꿀	26g

만드는 방법

1 전복은 살아 있는 것으로 준비하여 솔로 껍데기를 문질러 깨끗이 씻은 후 숟가락으로 살을 떼어 낸 뒤 내장을 제거하고, 전복 입은 떼어 낸다. 전복에 0.5cm 정도로 비슷하게 칼집을 앞뒤로 넣어 준다.

2 냄비에 전복살을 담고 잠길 정도로 넉넉하게 물을 부어 살짝 데친 후 3~4쪽으로 어슷하게 저민다.

3 냄비에 살을 발라 낸 전복 껍데기를 담고 데친 후 물기를 뺀다.

4 3에 분량의 조림장을 넣고 살짝 끓이다가 전복살을 넣고 자작자작 조린다.

5 전복 껍데기에 전복살을 얹고 잣가루를 뿌린다.

• 양배추는 5cm 길이로 곱게 채 썰어 냉수에 담갔다가 건져 물기를 뺀 후 전복 껍데기 위에 깐다.

쇠미역쌈

강원

재료

쇠미역	300g

멸치젓 무침

멸치젓	50g
다진 파	3g
다진 마늘	6g
깨소금	2g
고춧가루	5g
참기름	5g

초고추장

고추장	16g
식초	17g
설탕	6g
다진 마늘	6g
깨소금	2g

만드는 방법

1 쇠미역은 끓는 물에 살짝 데쳐 내어 냉수에 헹군다.

2 물기를 거두고 사방 7cm로 썰어 놓는다.

3 고추장, 식초, 설탕, 마늘, 깨소금을 넣고 초고추장을 만든다.

4 멸치젓의 살만 발라 내어 파, 마늘, 깨소금, 고춧가루, 참기름을 넣고 무친다.

5 쇠미역쌈에 멸치젓 무침이나 초고추장을 기호에 맞게 곁들여 먹는다.

• 쇠미역은 데치지 않고 바닥바닥 주물러 깨끗이 씻어서 생으로 먹어도 좋다.

전라

꼬막무침

재 료

참꼬막	800g
물	800g
국간장	34g
파	1/2대
후춧가루	1g
참기름	10g
소금	10g

양념장

진간장	34g
다진 파	5g
다진 마늘	6g
통깨	6g
참기름	5g
고춧가루	3g
깨소금	3g

만드는 방법

1 참꼬막은 깨끗이 박박 비벼 씻어서 엷은 소금물에 2시간 정도 담가 해감한다.

2 분량의 양념장을 만든다.

3 물에 준비한 국간장을 넣고 채 썬 파, 후춧가루, 참기름, 소금을 넣어 장국을 끓인다.

4 장국이 끓으면 꼬막을 넣어 한쪽 방향으로 돌려가며 익힌다.

5 꼬막 껍질 한쪽만 벗기고 접시에 담아 양념장을 조금씩 끼얹는다.

6 남은 꼬막은 장국에 담가 보관한다.

• 너무 삶으면 맛있는 단맛이 빠져 맛이 덜하다.

강원

도토리묵 무침

재료

상추	50g
쑥갓	30g
오이	50g
도토리묵	300g

양념장

간장	50g
다진 파	9g
다진 마늘	6g
고춧가루	4g
설탕	12g
깨소금	5g
참기름	10g

만드는 방법

1 상추, 쑥갓은 씻어 물기를 거두고 큼직하게 썬다.

2 오이는 5cm 길이로 길게 어슷썬다.

3 양파는 채 썰어서 모든 채소와 함께 섞어 접시에 담아 낸 다음 도토리묵을 사방 3..5cm 크기로 썰어 그 위에 얹는다.

4 양념재료를 배합대로 잘 섞어 묵 위에 고루 뿌려 무친다.

• 도토리묵 쑤는 방법은 91쪽을 참조한다.

생표고나물
새송이나물
느타리나물

버섯나물 강원

재 료

생표고나물		느타리나물		새송이나물	
생표고	300g	느타리	300g	새송이	300g
다진 파	3g	다진 파	3g	다진 마늘	6g
다진 마늘	6g	다진 마늘	6g	소금	4g
소금	4g	소금	4g	후춧가루	1g
후춧가루	1g	후춧가루	1g	들기름	21g
깨소금	2g	깨소금	2g	깨소금	2g
국간장	5g	들기름	21g	다진 파	3g
들기름	21g				

만드는 방법

생표고나물

1 생표고를 끓는 물에 데친다.

2 물기를 꼭 짜고 굵은 채를 썬다.

3 채를 썬 표고에 파, 마늘, 소금, 후춧가루, 깨소금, 국간장을 넣고 무친다.

4 팬에 들기름을 두르고 무쳐 놓은 3을 넣어 살짝 볶는다.

느타리나물

1 느타리를 끓는 물에 데쳐 내어 물기를 꼭 짜 준다.

2 파, 마늘, 소금, 후춧가루를 넣고 고루 섞이도록 주물러 주고 깨소금, 들기름을 다시 넣어 무친다.

3 팬에 밑간한 2의 느타리를 넣고 중불에서 볶아 준다.

새송이나물

1 새송이를 굵직하게 채 썬다.

2 새송이를 끓는 물에 데쳐 내고 물기를 꼭 짜 준다.

3 새송이에 마늘, 소금, 후춧가루, 들기름을 넣어 무쳐 준다.

4 팬에 새송이를 넣고 살짝 볶다가 깨소금과 파를 넣는다.

전라

죽순홍합 무침

재료

생죽순	600g
쌀뜨물	1L
생홍합	300g

양념장

고추장	49g
고춧가루	4g
다진 파	6g
다진 마늘	12g
간장	8g
설탕	12g
식초	17g
깨소금	3g
소금	5g

만드는 방법

1 죽순을 쌀뜨물에 데친 다음 6cm 길이로 썰어서 물에 30분 정도 담가 놓는다.

2 생홍합은 끓는 물에 데쳐서 아가미를 떼어 낸다.

3 양념장은 분량의 재료를 섞어 만든다.

4 1의 죽순은 물기를 꼭 짠 다음 양념장에 홍합살과 함께 무친다.

강원

취나물

재료

삶은 취나물	300g
다진 파	3g
다진 마늘	6g
후춧가루	1g
들기름	28g
깨소금	2g
소금	5g

만드는 방법

1 삶은 취나물을 물에 헹궈 내고 물기를 꼭 짜 둔다.

2 취나물에 다진 파, 마늘, 후춧가루, 들기름, 깨소금, 소금으로 양념하여 재어 놓는다. (다진 파와 깨소금은 1/2 정도 남긴다)

3 팬에 들기름을 두르고,은근히 볶다가 깨소금을 더 넣어 준다.

강원

말린 도토리묵 볶음

재료

말린 도토리묵	300g
미지근한 물	1L
들기름	14g
간장	22g
설탕	12g
다진 마늘	6g
다진 파	3g
깨소금	5g
풋 · 홍고추	각 10g

만드는 방법

1 말린 도토리묵을 냉수에 20분 정도 담가 둔다.

2 미지근한 물로 다시 불려 말랑말랑해지면 씻어 건진다.

3 팬에 들기름을 두르고 불린 도토리묵을 넣어 볶다가 부드러워지면 간장, 설탕, 마늘, 파를 넣고 볶는다.

4 깨소금과 풋 · 홍고추를 2cm 간격으로 어슷썰어 마지막에 넣고 살짝만 볶아 준다.

5 식어서 굳어지면 팬에 다시 데워 부드럽게 만들어 먹을 수 있다.

• 도토리묵 말리는 방법

도토리묵을 물결 모양 칼로 6×1×1cm로 썰어 그늘에서 6일 정도 말린다.

간장게장

충청

재료

꽃게	1kg

간장 절임장

간장	1kg
청주 · 맛술	각 100g
설탕	5g
월계수잎	1장
양파	1개
대파	1뿌리
마늘 · 생강	각 50g
건고추	2개

고명

깨소금	1g
다진 파	3g
채 썬 마늘	3g
고춧가루	1g

만드는 방법

1 꽃게는 손질하여 엷은 소금물에 씻어 놓는다.

2 간장 절임장을 만들 때 물, 청주, 맛술, 설탕, 월계수잎, 양파, 대파, 마늘, 생강편, 건고추를 넣어 20분 정도 끓인다.

3 간장 절임장이 식은 뒤 체에 내려 게에 붓는다.

4 담은 간장게장에 생강편 3쪽과 대파 1/3개를 넣어 준다.

5 간장게장 담은 뒤 2일 후에 장국물을 따라 내어 한 번 끓여 주고 위에 뜨는 거품을 걷어 낸다.

6 끓은 장국이 식은 뒤 다시 부어 주고 2~3일 후면 맛이 든다.

7 접시에 꽃게를 4쪽으로 썰어 담고 깨소금, 다진 파, 채 썬 마늘, 고춧가루를 고명으로 얹어 준다.

충청

어리굴젓

재료

굴	1kg
소금	100g
찹쌀	50g
물	400g

양념

생강채	15g
마늘채	15g
고운 고춧가루	150g

만드는 방법

1 굴은 작은 굴로 준비하여 연한 소금물에 흔들어 씻는다.

2 물기를 뺀 후 소금을 뿌려 3~4일 정도 삭힌다.

3 삭힌 굴을 체에 담아 국물을 거르고 받아둔 국물은 다시 끓인다.

4 찹쌀에 물을 부어 된 죽을 쑨다.

5 4를 굴 국물 1컵을 부으며 믹서에 간다.

6 믹서에 곱게 간 찹쌀풀에 생강채, 마늘채, 고운 고춧가루를 넣고 고루 섞는다.

7 삭힌 굴과 6의 재료를 버무려 뚜껑을 꼭 닫아 실온에서 이틀 정도 익힌 후 냉장고에 보관한다.

갓김치

전라

재료	
갓	3kg
굵은 소금	90g
쪽파	500g
멸치액젓	110g
다진 마늘	68g
다진 생강	8g
깨소금	15g
쌀풀	200g
고춧가루	120g

만드는 방법

1 갓은 씻어서 소금에 2시간 정도 절인다.

2 쪽파는 뿌리를 떼어 내고 다듬어 씻어 놓는다.

3 멸치액젓에 다진 마늘, 생강, 깨소금, 고춧가루, 쌀풀을 넣어 섞어 준다.

4 갓의 물기를 채반에서 제거하고 쪽파와 섞어 3의 양념으로 무친다.

5 완성된 갓김치를 150g 크기 정도씩 묶어 그릇에 담아 익힌다.

• 쌀가루를 물과 1 : 6으로 섞어서 저어 주며 끓여 쌀풀을 만든다.

개성쌈(보)김치

경기

재 료

배추	2.5kg	표고	2장	**김치 양념**	
무	300g	석이	2장	새우젓	50g
물	1.5L	밤	2개	고춧가루	30g
소금	150g	굵은소금	1컵	다진 마늘	33g
미나리	30g	대추	3개	소금	15g
쪽파	25g	잣	10g	다진 생강	5g
낙지	150g(반 마리)	실고추	5g		
굴	50g				

만드는 방법

1 배추는 반 갈라 10% 소금물에 절였다가 바깥쪽의 푸른잎은 남겨 두고 줄기와 속대를 2.5×3.5cm 길이로 썬다.

2 무도 배추와 같은 2.5×3.5×0.3cm 크기로 납작납작 썰어 소금에 절인다.

3 미나리와 쪽파는 다듬어 3.5cm 길이로 썰어 둔다.

4 낙지는 4cm 길이로 썰고, 굴은 깨끗이 씻어 낸다.

5 표고와 석이는 따뜻한 물에 불려 가늘게 채 썰고, 밤은 속 껍질을 벗긴 후 얇게 편으로 썬다. 파, 마늘, 생강은 곱게 채 썬다.

6 대추는 씨를 빼고 채 썰어 두고, 잣은 고깔을 떼고 닦아 둔다.

7 절인 무, 배추에 해물과 김치 양념을 넣고 버무린다.

8 보시기에 절인 배추 겉잎을 바닥이 안 보이도록 서너 개 깔고 7을 80% 넣고 위에 표고, 밤, 실고추, 잣을 고명으로 얹은 후 배추잎으로 덮어 꼭꼭싸서 항아리에 차곡차곡 담는다.

• 보(褓)김치라고도 한다.

김치류

백김치 황해

재료

배추	2kg	홍고추	20g	석이	3장
굵은 소금	150g	밤	40g	새우젓	30g
물	1.5L	마늘	40g	고추 삭힌 것	30g
무	400g	생강	10g		
실고추	10g	대파	40g	**김치국물**	
배	120g	쪽파	60g	소금	30g
대추	5개	미나리	10g	생수 또는 양지머리 육수	2L
표고	2장	갓	80g		

만드는 방법

1 배추는 반으로 쪼개어 소금물에 4~5시간 정도 절여서 깨끗이 씻어 물기를 뺀다.

2 무는 손질하여 5cm 길이로 채 썰고 실고추로 버무려 고춧물을 들인다.

3 배, 대추, 표고, 홍고추, 밤, 마늘, 생강, 파는 다듬어 채 썰고, 미나리는 줄기만 다듬어 씻고 갓과 함께 깨끗이 씻어 5cm 길이로 썬다.

4 석이는 마지근한 물에 불린 후 뒷쪽의 이끼를 깨끗이 긁어 낸 다음 씻어 물기를 거두고 채 썬다.

5 채 썰고 다진 재료들을 모두 섞어 새우젓으로 양념하여 소를 만든다.

6 1의 배춧잎 사이사이에 5의 양념을 넣고, 겉잎으로 감싸 놓는다.

7 6을 항아리에 담고 삭힌 고추를 넣은 다음 푸른 우거지로 덮고 돌로 누른다.

8 배추에 양념 소의 간이 배어든 후 김치국물을 부어 간을 맞추고 숙성시킨다.

김치류

굴깍두기 충청

재료

무	1kg
다진 마늘	40g
생강	10g
실파	200g
새우젓	50g
굴	150g
고춧가루	120g
소금 · 설탕	약간씩

만드는 방법

1 무는 깨끗이 씻어 큰 주사위 모양의 크기로 썰어 살짝 절여 체에 밭쳐 놓았다가 고춧가루 일부를 넣어 색을 들인다.

2 마늘과 생강은 곱게 다지고, 실파는 2cm 길이로 썰어 놓는다.

3 새우젓은 곱게 다지고, 굴은 약한 소금물에 헹구어 체에 밭쳐놓는다.

4 1의 무에 고춧가루와 실파, 마늘, 생강, 새우젓을 넣고 버무려 간을 맞춘 후 마지막에 굴을 넣고 살살 버무려 항아리에 담아 익혀서 먹는다.

평안

동치미

재료

동치미무	3kg
굵은 소금	200g
마른 청각	30g
물	5L
쪽파	50g
청갓	80g
무명실	약간
마늘	40g
생강	30g
풋고추(삭힌 것)	40g

김치류

만드는 방법

1 동치미무를 선택하여 무청은 잘라 내고 깨끗이 씻는다. 이때 껍질을 벗기지 말고 수세미로 흙을 씻어 낸다. 씻은 무는 물이 묻어 있는 상태로 소금에 굴려 하루 이틀 정도 절여 준다.

2 마른 청각은 간간한 소금물에 불렸다가 바락바락 주물러 씻어 건진다. 쪽파와 청갓은 다듬어 씻어 무명실로 묶는다. 무 절였던 물을 버리지 말고 소금 1 : 물 18의 비율이 되도록 소금물을 더 넣고 간을 맞추어 동치미 국물을 만든다.

3 마늘과 생강은 얇게 저며 베주머니에 넣는다.

4 항아리에 무를 넣고 가운데에 쪽파, 갓, 마늘, 생강 넣은 베주머니를 넣는다.

5 삭힌 고추와 불린 청각, 무명실로 묶은 갓, 쪽파 등을 동치미무 사이에 넣는다.

6 항아리에 준비한 동치미 국물을 붓고 재료가 떠오르지 않게 삶아서 소독한 돌을 눌러서 익힌다.

• 먹을 때 기호에 따라 생수를 섞어 먹기도 한다.

경기

순무김치

재료

순무	3kg
소금	1.5큰술

양념

채 썬 쪽파	50g
채 썬 갓	50g
양파	200g
밴뎅이젓국	3/4컵
다진 마늘	34g
다진 생강	30g
고춧가루	60g

만드는 방법

1 순무는 잔뿌리를 떼고 깨끗이 씻어 적당한 크기로 썰어 소금에 절인다.

2 쪽파는 다듬어서 씻어 흰 부분을 채 썬다.

3 갓은 뿌리를 자르고 씻어 줄기만 채 썰고 잎은 따로 둔다.

4 양파는 깨끗이 씻어 강판에 갈아 놓는다.

5 분량의 양념을 버무려 준비한다.

6 1에 5의 양념을 넣고 고루 버무려 단지에 담고 남은 갓 잎과 파의 파란 부분으로 위를 덮고 국물을 간간하게 만들어 자작하게 붓는다.

장김치

서울

재료

배추	200g
무	70g
절임용 간장	45g
배	100g
깐 밤	50g
미나리	30g
표고	5g
석이	2g
대추	10g
대파	40g
마늘	20g
생강	5g
실고추	1g
잣	10g

국물

물	800g
간장	70g
소금	15g
꿀	20g

만드는 방법

1 배추는 속 부분을 주로 사용하여 2.5×2.5cm 크기로 썰고, 무도 같은 크기로 썰어 절임용 간장을 뿌려 절인다.

2 배와 밤은 무와 같은 크기로 썰고, 미나리는 2.5cm 길이로 썰고, 불린 표고 · 석이 · 대추 · 대파 · 마늘 · 생강은 비슷한 크기로 채 썰어 둔다.

3 배추와 무가 절여지면 국물을 따라 내어 김칫국물을 만들어 간을 맞춘다.

4 김치용기에 위의 모든 재료와 분량의 잣, 실고추를 고루 섞어 담은 후 국물을 자작하게 부어 익힌다.

7장 전통떡 · 과자류

전통떡류

강원

감자녹말 송편

재료

감자녹말	800g
소금	10g
팥	300g
설탕	42g

기름장

소금	5g
참기름	5g
물	200g

만드는 방법

1 감자녹말은 끓는 물에 소금을 약간 넣고 익반죽을 한다.

2 팥은 물에 소금을 넣어 삶는데 초벌을 삶아 나오는 물은 버리고 다시 삶아 낸다(팥이 터지지 않도록 해야 한다).

3 2의 팥에 설탕을 넣어 섞는다.

4 1의 감자반죽 20g씩을 떼어 내어 3의 팥소를 넣고 손가락자국이 나도록 주먹 쥐어 찜통에 20분씩 찐 다음 꺼낼 때는 소금, 참기름, 물을 섞은 기름장을 바른다.

경기

개성물경단

재료

찹쌀가루	300g
소금	5g
끓는 물	80g
노란콩가루	50g
푸른콩가루	50g
경앗가루	50g
잣	10g

즙청꿀

설탕	1컵
물	1컵
물엿	1컵
꿀	26g

만드는 방법

1 찹쌀가루는 소금으로 간을 하고 끓는 물로 익반죽하여 직경 1.5cm 크기의 경단을 빚는다.

2 끓는 물에 빚은 경단을 삶아 냉수에 두세 번 헹구어 차게 식힌다.

3 설탕과 물을 섞어 끓이고 물엿을 더해 식힌 후 꿀을 섞어 즙청꿀을 만든다.

4 식은 경단을 즙청꿀에 담갔다가 노란콩가루, 푸른콩가루, 경앗가루로 만든 삼색고물을 각각 묻히고 다시 즙청꿀에 담갔다 고물 묻히기를 반복하여 그릇에 각각 담고 잣을 얹어 낸다.

• 경앗가루 만들기

팥을 앙금으로 만든 후 햇볕에 말려 일곱 번을 다시 쪄서 말려 빻아 고운 체에 친 다음 참기름에 비벼서 사용한다.
혹은 팥앙금을 보온밥통에 24시간 넣어 두었다가 햇볕에 바짝 말려 빻아 고운 체에 친 다음 참기름에 비벼서 사용하기도 한다.

• 찹쌀가루의 상태에 따라 반죽하는 물의 양을 가감한다.

두텁떡 서울

재료

찹쌀가루	500g	설탕	180g	볶은 팥고물	150g
꿀	65g	간장	34g	유자청	20g
간장	14g			계핏가루	3g
설탕물	45g	**소**		꿀	25g
		밤	200g		
고물		대추	100g		
거피팥	800g	잣	50g		

만드는 방법

1 찹쌀은 씻어 물에 10시간 담갔다가 건져 빻는다.

2 찹쌀가루에 간장과 꿀을 함께 섞어서 비벼가며 체에 내린다.

3 팥은 하루 전날 물에 담가 껍질을 벗겨 씻고 시루에 찐 다음 어레미에 내린다.

4 두꺼운 냄비에 어레미에 내린 팥, 설탕, 간장을 넣어 보슬보슬해질 때까지 볶은 다음 식혀서 중간 체에 내린다.

5 밤은 껍질 벗겨 사방 1cm 크기로 썰고, 대추는 씨를 발라 2~3등분한다. 잣은 고깔을 떼고 깨끗이 닦아 둔다.

6 4의 볶은 팥고물에 계핏가루, 꿀, 유자청을 섞어 지름 1cm 크기로 완자를 만든다.

7 찜기에 면보를 깔고 볶은 팥고물을 얹고 그 위에 2의 쌀가루를 한 숟가락씩 드문드문 떠놓고 6의 완자와 밤, 잣, 대추를 얹어 놓는다. 다시 나머지 쌀가루를 한 숟가락씩 덮고 그 위에 볶은 팥고물을 덮는다.

8 움푹 파인 곳에 7의 방법대로 떡을 안쳐서 30분 정도 찐다.

강원

메밀전병(총떡)

재 료

메밀가루	500g	통배추김치	400g	다진 파	8g
물	1500g	들기름	28g	다진 마늘	8g
소금	5g	식용유	24g	참기름	5g
다진 파	6g			깨소금	5g
다진 마늘	6g	**돼지고기 양념**		후춧가루	2g
돼지고기	150g	간장	15g	설탕	10g

만드는 방법

1 메밀가루는 묽게 반죽하여 체에 한 번 걸러 내린다.

2 파, 마늘은 다진다.

3 돼지고기는 채 썰어 갖은 양념을 하여 볶는다.

4 김치는 국물을 꼭 짜고 곱게 썰어 들기름, 파, 마늘을 넣고 볶아 준다.

5 팬에 기름을 두르고 메밀반죽을 한 국자씩 떠서 얇게 편 후 소를 놓고 돌돌 말아 부친다.

6 먹기 좋은 크기로 썰어 양념장과 곁들여 시식한다.

충청

쇠머리떡

전통떡류

재료

재료	분량	재료	분량	재료	분량
찹쌀가루	1kg	울타리콩	90g	밤조림	140g
소금	3g	붉은팥	70g	물	100g
대추	60g	거피팥	60g	소금	3g
서리태	180g	호박오가리	60g		

만드는 방법

1 찹쌀가루는 소금과 물을 고루 섞어 둔다.

2 대추는 씨를 빼고 3등분한다.

3 서리태와 울타리콩은 깨끗이 씻어 물에 불린다.

4 붉은팥과 거피팥은 삶아서 약간의 소금 간을 해둔다.

5 호박고지는 물에 씻어 3cm 정도 길이로 자른다(단호박을 채 썰어 하루 정도 말려 사용하기도 한다).

6 밤은 4등분하여 설탕과 소금을 약간 넣어 조려 둔다.

7 찜기에 젖은 면보를 깔고 100g의 찹쌀가루를 고루 깐다.

8 800g의 찹쌀가루에 대추, 서리태, 울타리콩, 붉은팥, 거피팥, 호박오가리, 밤조림을 고루 섞어 7 위에 얹는다.

9 나머지 100g의 찹쌀가루를 8의 위에 얹는다.

10 찜통에 올리고 김이 새어 나가지 않도록 한 후 30분간 찐다.

11 다 쪄진 떡을 넓은 도마나 쟁반에 쏟아 모양을 잡는다.

12 식은 후 적당히 썰어 낱개로 포장한다.

• 예전에 재래시장에서 넓고 편평한 이 떡을 만들어 쇠머리편육처럼 잘라서 팔았다 하여 쇠머리떡이라고 불렀다고 한다.

은행단자
대추단자
석이단자

삼색단자 서울

재 료

은행단자		대추단자		석이단자	
깐 은행	80g	대추	100g	찹쌀가루	200g
찹쌀가루	200g	찹쌀가루	200g	물	50g
소금	1g	소금	1g	소금	1g
설탕	2g	물	50g	석이가루	10g
꿀	100g	꿀	100g	설탕	2g
잣가루	60g	잣가루	60g	꿀	100g
				잣가루	60g

만드는 방법

은행단자

1 은행은 미지근한 물에 담가 속껍질을 벗기고 곱게 찧어 소금과 함께 찹쌀가루와 고루 섞어 반죽을 하여 김이 오른 찜통에 15분 쪄 내어 찬물을 묻혀가며 쫄깃하게 치댄다.

2 꿀을 바른 도마에 치댄 떡을 놓고 0.7cm 두께로 평편하게 만든 후 꿀을 발라 다시 2×3.5cm 크기의 직사각형으로 썰어 잣가루를 묻힌다.

대추단자

1 대추는 씨를 빼고 곱게 다져서 소금과 함께 찹쌀가루와 고루 섞어 약간의 물로 된 반죽을 하여 김이 오른 찜통에 15분 쪄 내어 찬물을 묻혀가며 쫄깃하게 치댄다.

2 꿀을 바른 도마에 치댄 떡을 놓고 0.7cm 두께로 평편하게 만든 후 꿀을 발라 다시 2×3.5cm 크기의 직사각형으로 썰어 잣가루를 묻힌다.

석이단자

1 석이는 깨끗이 씻어 곱게 다진 후 찹쌀가루에 소금과 함께 섞어 약간의 물을 넣어 된 반죽을 하여 김이 오른 찜통에 15분 쪄 내어 찬물을 묻혀가며 쫄깃하게 치댄다.

2 꿀을 바른 도마에 치댄 떡을 놓고 0.7cm 두께로 평편하게 만든 후 꿀을 발라 다시 2×3.5cm 크기의 직사각형으로 썰어 잣가루를 묻힌다.

색단자

서울

재 료

깐 밤	40g
대추	20g
석이	4g
찹쌀가루	200g
설탕	2g
소금	1g
물	30g
꿀	100g
잣가루	60g

소

유자청건지	36g
대추다짐	100g
계핏가루	약간

만드는 방법

1 생밤과 대추, 석이는 1cm 길이로 실같이 가늘게 채 썰어 각각 김이 오른 찜통에 2분씩 쪄 내어 식힌 다음 고루 섞어 삼색 고물을 만든다.

2 유자청건지와 대추를 곱게 다지고 계핏가루를 섞어 소를 만들어 둔다.

3 찹쌀가루에 소금 간을 하고 되게 반죽하여 김이 오른 찜통에 15분 쪄 내어 찬물을 묻혀 가며 쫄깃하게 치댄다.

4 도마에 꿀을 바르고 1의 떡을 얇게 펴서 2의 소를 1cm 굵기로 길게 놓고 흰떡으로 말아 2cm 굵기로 길게 썬 후 3.5cm 길이로 썰어 준비된 삼색 고물을 묻히고 잣가루를 덧입힌다.

모싯잎송편

전라

전통떡류

재료	
쌀	800g
거피팥	600g
삶은 모싯잎	400g
소금	150g
설탕	120g

손에 바를 기름

물	400g
소금	5g
참기름	5g

만드는 방법

1 쌀은 2시간 이상 불려 삶은 모싯잎과 함께 가루로 빻는다.

2 거피팥은 씻어 1시간쯤 불려 껍질을 비벼 여러 번 헹구고 다시 2시간 불려서 찜통에 30분간 익힌다.

3 2의 팥은 소금과 설탕으로 간하여 절구에 찧어서 송편소로 사용한다.

4 1의 쌀가루에 끓는 물을 넣어 익반죽한다.

5 반죽한 것을 25g씩을 떼어 내 빚어서 소를 넣고 반으로 접어 모양을 내고 찜통에 30분간 찐다.

6 미리 준비한 기름물을 손에 묻혀서 익은 송편이 손에 붙지 않도록 바르면서 꺼낸다.

부편

경상

재료

찹쌀가루	500g
소금	5g
뜨거운 물	75g
대추	25g
거피팥고물	250g

소

볶은 콩가루	100g
계핏가루	2.5g
소금	2.5g
꿀	15g

만드는 방법

1 찹쌀가루에 소금과 뜨거운 물을 넣어가면서 익반죽한다.

2 대추는 돌려 깎기하여 씨를 제거하고 3~4등분한다.

3 소는 볶은 콩가루, 계핏가루, 소금, 꿀을 넣어 반죽하여 지름이 2cm 정도 되도록 새알처럼 만든다.

4 1에 3을 넣고 지름 4cm 크기로 둥글게 빚어 썰어 놓은 대추를 두 쪽씩 위에 박는다.

5 김 오른 찜통에 베보자기를 깔고 4를 20분 정도 찐 후 거피팥고물을 묻힌다.

경상

각색정과 (도라지 · 연근 · 우엉정과)

전통과자류

재료

통도라지	100g
연근	100g
우엉	100g
물	200g
물엿	300g
꿀	30g
잣	10g
소금물	
소금	10g
물	1L

만드는 방법

1 통도라지 · 연근 · 우엉은 껍질을 벗기고, 연근은 0.5cm 두께로 썬다.

2 끓는 소금물에 1을 넣고 데친 후 채반에 담아 물기를 빼고 꾸덕꾸덕하게 말린다.

3 냄비에 물과 물엿을 넣어 잘 섞은 후 2를 넣고 약한 불에 조린다.

4 3이 걸쭉해지면 꿀을 넣어 잘 섞어 좀 더 조린 다음 잣을 고명으로 얹는다.

전통과자류

개성모약과

경기

재료

밀가루	200g
참기름	42g
꿀	78g
청주	30g
소금	1g
생강즙	6g
흰후춧가루	1g
잣가루	20g
식용유	500g

즙청시럽

조청	260g
물	100g
계핏가루	1g

만드는 방법

1 밀가루에 참기름을 넣어 손으로 고루 비벼 체에 내린다.

2 꿀, 청주, 소금, 생강즙, 후추를 혼합하여 고루 섞은 후 밀가루를 넣고 뭉치듯이 가볍게 반죽하여 밀방망이로 2cm 두께로 밀어 4×4cm 크기로 썬다.

3 조청과 물을 섞어 끓여 계핏가루를 더하여 즙청을 만든다.

4 썰어 놓은 모약과를 140℃ 기름에 하나씩 넣고 갈색이 나도록 서서히 튀긴다.

5 튀겨 낸 약과를 즙청시럽에 담갔다 건진 후 잣가루를 뿌린다.

우메기

경기

재료

찹쌀가루	150g
쌀가루	50g
소금	3g
설탕	30g
막걸리	75g
식용유	적량

고명

대추	2개

즙청꿀

설탕	80g
물	100g
조청	120g

만드는 방법

1 찹쌀가루와 쌀가루를 섞어 체에 내린 다음 소금과 설탕을 넣고 고루 섞은 뒤 막걸리로 반죽한다.

2 설탕과 물을 냄비에 담아 젓지 말고 그대로 끓여 설탕이 녹으면 조금 더 졸여 옅은 갈색의 시럽으로 만든 후 조청을 섞어 다시 한 번 끓여 즙청을 만든다.

3 대추는 씨를 발라 내고 과육을 0.6×0.6cm 크기로 썬다.

4 1의 반죽을 조금씩 떼어 손바닥 위에 놓고 굴린 다음 지름 4~5cm, 두께 0.8cm 정도로 둥글납작하게 빚어 가운데를 손가락으로 살짝 눌러 약간 오목하게 만든다.

5 4를 140℃의 식용유에 5~6개씩 넣어 서로 붙지 않게 튀겨 준다. 앞뒤로 뒤집으면서 옅은 갈색이 나면 꺼내어 망체에 걸러 기름을 뺀다.

6 튀긴 재료를 즙청꿀에 담갔다가 건져 여분의 즙청꿀이 빠지게 체에 건져 두었다가 가운데에 썰어 둔 대추를 한 개씩 붙여 접시에 담아 낸다.

송화다식
오미자 · 녹말다식
흑임자다식
콩다식

오색다식 서울

재료

송화다식					
송홧가루	60g	꿀	40g	꿀	26g
꿀	78g	조청	13g	참기름	5g
참기름	5g	참기름	5g		
				흑임자다식	
				흑임자	110g
오미자 · 녹말다식		콩다식		된 조청	54g
오미자국	15g	노란콩가루	100g	꿀	26g
녹두녹말	90g	된 조청	54g		

만드는 방법

송화다식

1 송홧가루를 비닐봉지에 넣고 꿀을 더한 후 한 덩어리가 되도록 반죽한다.

2 다식판에 비닐 랩을 깔고 준비한 반죽을 박아 낸다.

오미자 · 녹말다식

1 녹두녹말은 반은 진한 오미자국을 섞어 붉게 물을 들인 다음 꿀과 조청을 섞어 반죽한다. 나머지 반은 꿀과 조청으로 희게 반죽한다.

2 다식판에 비닐 랩을 깔고 준비한 반죽들을 각각 박아 낸다.

• 오미자국은 말린 오미자에 물을 1 : 1로 부어 하루저녁 우려낸 후 걸러서 사용한다.

콩다식

1 노란콩가루에 된 조청과 꿀을 고루 섞어 한 덩어리가 되도록 반죽한다.

2 다식판에 준비한 비닐 랩을 깔고 반죽을 박아 낸다.

흑임자다식

1 흑임자를 깨끗이 씻어 볶아서 기름이 나올 때까지 곱게 갈아 면보에 싸서 기름을 꼭 짠 다음 된 조청과 꿀을 섞어 골고루 주물러 반죽을 한다. 이때 배어나오는 기름은 다시 짠다.

2 까맣고 윤기 있게 반죽된 흑임자를 다식판에서 선명하고 깨끗한 모양으로 박아 낸다.

수삼정과

충청

재료

수삼	10뿌리
꿀	250g
설탕	24g
소금	5g

만드는 방법

1 수삼은 잘 손질하여 둔다.

2 냄비에 꿀, 설탕, 소금을 넣어 끓인다.

3 2에 수삼을 넣어 조린다. 물을 따로 넣지 않아도 인삼에서 물이 생기므로 물기가 없어질 때까지 윤기 나게 조린다.

서울

백자병 (잣박산)

재 료

잣	180g

시 럽

설탕	98g
물엿	160g
소금	1g

만드는 방법

1 잣은 고깔을 떼고 닦는다.

2 설탕과 물엿을 냄비에 넣고 설탕이 녹을 때까지 끓여 시럽을 만든다.

3 팬에 잣과 2의 시럽 4큰술을 넣고 약불에서 실이 많이 보일 때까지 버무린다.

4 식용유 바른 비닐에 3을 쏟아 밀대로 1cm 정도 펴 굳힌 다음 2×3cm 크기로 썬다.

전통과자류

콩엿강정

함경

재료

물엿	60g
설탕	40g
볶은 검정콩	450g

만드는 방법

1 물엿과 설탕을 섞어 끓이다가 설탕이 녹으면 볶은 콩을 넣고 저으며 실이 날 때까지 더 볶는다.

2 도마 위에 젖은 면보를 펴고 1의 볶은 콩을 쏟고 한 덩어리로 만든 후 밀방망이로 1cm 두께로 밀어 완전히 식기 전에 4×5cm 크기로 썬다.

8장 음청류

음청류

경상

보리감주

재료

보리	100g
물	500g
엿기름가루	200g
물	1L
설탕	300g
소금	4g

만드는 방법

1 보리를 깨끗이 씻어서 물 500g과 함께 냄비에 넣고 밥처럼 끓인다.

2 엿기름가루에 물을 넣고 잘 주물러 건더기는 체에 밭치고 엿기름물을 가라앉혀 웃물과 1을 섞는다.

3 보온할 수 있는 전기밥솥에 2를 넣고 8시간 동안 놓아 두어 보리를 삭힌다.

4 3의 당화된 보리알이 3~5알 정도 뜨면 보리는 건져서 냉수에 씻어 차게 두고, 원액은 2배 정도의 설탕과 물을 넣어 다시 끓여서 희석시킨다.

5 희석한 감주에 보리알을 띄워 차갑거나 따뜻하게 해서 마신다.

보리수단

서울

재료

오미자국물	1L
설탕물	65g
불린 보리쌀	100g
녹두녹말	45g
잣	10g

설탕물

물	100g
설탕	80g

만드는 방법

1 오미자국물에 설탕물을 섞어 차게 식힌다.

2 불린 보리쌀은 끓여서 부드럽게 삶아 냉수에 헹구어 망체에 걸러 물기를 뺀다.

3 2의 삶은 보리에 녹두녹말을 입혀 끓는 물에 삶아 낸 다음 냉수에 헹구어 망체에 걸러 물기를 제거한다.

4 3에 녹두녹말을 다시 입히고 끓는 물에 삶아 냉수에 헹구기를 3~4번 반복하여 차게 식힌 오미자국물과 함께 화채그릇에 담고 깨끗이 닦고 고깔을 뗀 잣을 띄운다.

• 오미자국물 내는 법

말린 오미자 1컵에 생수 8컵을 부어 하룻저녁 우려 낸 후 베보자기에 걸러 맑은 오미자국물을 만든다.
오미자는 옹기나 도자기, 유리용기에 우려야 빛깔이 곱다. 오미자국물은 살짝 끓여 식혀 사용하는 것이 좋다.
단, 오래 끓이면 떫은 맛이 많이 나므로 주의한다.

음청류

유자화채

서울

재료

유자	2개
설탕	72g
배	1/2개
석류	1/4컵
잣	1큰술

설탕물

설탕	1/2컵
물	4컵

만드는 방법

1 유자는 깨끗이 씻어 세로로 6등분하여 씨를 제거하고 속살을 분리한다.

2 껍질 부분은 노란 부분과 하얀 부분을 분리하여 얇게 포를 떠 각각 곱게 채 썬다.

3 분리한 속살은 3~4등분하고, 채 썬 껍질 부분은 각각 2큰술의 설탕을 뿌려 절인다.

4 배는 껍질을 벗기고 2cm 길이로 곱게 채 썰고, 석류는 껍질을 벗기고 알맹이를 분리한다.

5 분량의 설탕과 물을 끓여 시럽을 만들어 차게 식힌다.

6 화채그릇에 준비한 재료들을 색 맞추어 담고 시럽을 부은 후 잣을 띄운다.

참고문헌

강인희(1990). 한국식생활(제2판). 삼영사.

강인희(1997). 한국의 떡과 과줄. 대한교과서주식회사.

강인희(4998). 한국의 맛. 대한교과서주식회사.

강인희 · 이경복(1984). 한국식생활풍속. 삼영사.

국립문화재연구소(1984). 향토음식 한국민속종합조사연구보고서 제15책.

김득중 외(1991). 우리전통예절. 한국문화보호협회.

김상순(1985). 한국전통식품. 숙명여자대학교 출판부.

농촌진흥청 농업과학기술원(2008). 한국의 전통향토음식－제주도 편. 교문사.

윤서석(1985). 증보 한국식품사연구. 신광출판사.

윤서석(1988). 한국음식－역사와조리. 수학사.

윤서석 외(2002). 경기도 박물관 자료실. 경기도 박물관 제12기 박물관대학 교재.

윤재영 외 5인(2005). 조리의 과학. 도서출판 대가.

윤재영 외 9인(2007). 한국조리. 형설출판사.

윤재영(2005). 세계요리문화산책. 도서출판 대가.

이서래(1992). 한국의 발효식품. 이화여자대학교 출판부.

이성우(1988). 한국식품사. 교문사.

이성우(1992). 고대 한국식생활연구. 향문사.

이정희 외 1인(2006). 맛있는 우리음식. 효일출판사.

이철호 외(1986). 한국의 수산발효식품사. 유림문화사.

이춘자 · 김귀영 · 박혜원(1997). 통과의례음식. 대원사.

이효지(2002). 한국의 음식문화(3쇄). 신광출판사.

장지현(1989). 한국전례발효식품사. 수학사.

정낙원 · 차경희(2007). 향토음식. 교문사.

정순자(1990). 한국의 요리. 신광출판사.

조자호(1939). 조선요리법. 광한서림.

조후종 외(1997). 한국음식대관 1권. 한국문화보호재단.

조후종(2001). 조후종의 우리음식이야기. 한림출판사.

조후종(2002). 세시풍속과 우리음식이야기. 한림출판사.

최필승(1992). 자랑스런 민족음식-북한요리. 한마당.

한국음식문화오천년전 준비위원회 편(1998). 한국음식오천년. 유림출판사.

한국의 맛 연구회(1996). 전통건강음료. 대원사.

황혜성 · 한복려 · 한복진(1991). 한국의 전통음식. 교문사.

홍진숙 외 4인(2007). 기초한국음식. 교문사.

황혜성(1976). 한국요리백과사전. 삼중당.

황혜성 외(1997). 한국음식대관 6권. 한국문화보호재단.

참고 사이트

각 도 · 시 · 군 행정기관 홈페이지

각 도 · 시 · 군 농업기술원, 농업기술센터 홈페이지

경남향토음식 http://www.knrda.go.kr/ares/living/food/hangtoumsig.htm

전주음식 http://www.jeonjufood.or.kr/

전통향토음식문화연구회 http://www.koreafoods.net/

한국관광공사 홈페이지, 여행정보-우리고장 맛이야기 http://www.visitkorea.or.kr/

찾아보기

ㅋ

ㅌ

ㅍ

ㅎ

저자소개

전정원 혜전대학 호텔조리외식계열 교수
한국의 맛 연구회 회장

김경미 서일대학 식품영양과 겸임교수
한국의 맛 연구회 이사

김윤자 재능대학 호텔외식조리과 교수
한국의 맛 연구회 부회장
안양시 안양요리학원 원장

이진희 백석문화대학 외식산업학부 강사
한국의 맛 연구회 이사

이춘자 한양여자대학 식품영양과 강사
한국의 맛 연구회 고문

임경려 안양과학대학 호텔조리과 교수
한국의 맛 연구회 부회장

정외숙 대구산업정보대학 호텔조리계열 교수
한국의 맛 연구회 부회장

최영희 백석문화대학 외식산업학부 교수
한국의 맛 연구회 이사

전통 향토 음식

2010년 3월 5일 초판 발행
2012년 2월 21일 2쇄 발행

지은이 전정원 외
펴낸이 류제동
펴낸곳 ㈜교문사

본문편집 북큐브
표지디자인 반미현
제작 김선형
영업 정용섭 · 이진석 · 송기윤

출력 현대미디어
인쇄 삼신문화사
제본 대영제본

우편번호 413-756
주소 경기도 파주시 교하읍 문발리
출판문화정보산업단지 536-2
전화 031-955-6111(代)
팩스 031-955-0955
등록 1960. 10. 28. 제406-2006-000035호
홈페이지 www.kyomunsa.co.kr
이메일 webmaster@kyomunsa.co.kr
ISBN 978-89-363-1047-9 (93590)

값 17,000원